2024

Realschulabschluss

Original-Prüfungsaufgaben mit Lösungen

Sachsen

Chemie

STARK

23. ergänzte Auflage
www.stark-verlag.de

Inhalt

Abschlussprüfung 2018

Abschlussprüfung 2019

Abschlussprüfung 2020

Abschlussprüfung 2021

Abschlussprüfung 2022

Abschlussprüfung 2023

Sobald die Original-Prüfungsaufgaben 2023 freigegeben sind, können Sie sie als PDF auf der Plattform MyStark herunterladen (Zugangscode siehe Umschlaginnenseite).

Autor:

Lösungen der Aufgaben: Jürgen Ziebart

Vorwort

Liebe Schülerinnen und Schüler,

das vorliegende Buch richtet sich an Schülerinnen und Schüler der Abschlussklassen 10, die sich gezielt auf ihre Abschlussprüfung im Fach Chemie der Oberschule in Sachsen vorbereiten und außerhalb des Unterrichts üben, wiederholen oder Lücken schließen möchten.

Dazu enthält der Band zunächst „**Hinweise und Tipps zur Zentralen Prüfung**", die Ihnen helfen, die formalen Rahmenbedingungen für die Abschlussprüfung kennenzulernen, und Ihnen konkret zeigen, wie Sie erfolgreich an die Aufgaben der Abschlussprüfung herangehen können. Der „**Anhang**" bietet Ihnen Hilfestellungen zum chemischen Rechnen und zum Aufstellen von Reaktionsgleichungen sowie Hinweise zur Gliederung eines Versuchsprotokolls. Zudem enthalten ist eine Übersicht über grundlegende chemische Fachbegriffe und eine Liste der in den Jahrgängen enthaltenen Experimente.

Zu jeder Aufgabe wurden von unserem Autor ausführliche, vollständige Lösungen ausgearbeitet. Vielen Lösungen sind außerdem **Lösungstipps** in *kursivem* Druck vorangestellt und zusätzlich durch Rauten gekennzeichnet, um Ihnen den Zugang zur Bearbeitung der Aufgaben zu erleichtern. Desweiteren enthalten die Lösungen oft alternative Lösungsmöglichkeiten.

Sobald die **Prüfung 2023** freigegeben ist, kann sie als PDF auf der Plattform MyStark heruntergeladen werden (Zugangscode siehe Umschlaginnenseite).
Sollten nach Erscheinen dieses Bandes vom Staatsministerium für Kultus noch wichtige **Änderungen in der Prüfung 2024** bekanntgegeben werden, finden Sie aktuelle Informationen dazu ebenfalls auf der Plattform MyStark.

Wir wünschen Ihnen viel Freude bei der intensiven Vorbereitungsarbeit mit diesem Buch und viel Erfolg bei Ihrer Abschlussprüfung!

Ihr
Stark Verlag

Stichwortverzeichnis 2013 – 2022

Pflichtaufgaben

Wahlaufgaben

Hinweise und Tipps zur Zentralen Prüfung

Hinweise zur Benutzung dieses Buches

Der vorliegende Band enthält die kompletten Prüfungsaufgaben seit 2013. Sobald die Prüfung 2023 freigegeben ist, steht sie auf der Plattform MyStark zum Download bereit. Zu jeder Aufgabe sind vollständige und ausführliche Lösungen enthalten, teilweise werden auch mehrere Lösungswege angeboten. Zum besseren Verständnis sind die Lösungen zusätzlich um Hinweise zur Bearbeitung der Aufgaben erweitert.

Die schriftliche Abschlussprüfung

Allgemeines

Die schriftliche Abschlussprüfung für den Realschulabschluss in Sachsen besteht aus zwei Teilen. Teil 1 der Prüfung ist der Pflichtteil. Teil 2 besteht aus drei Wahlaufgaben unterschiedlicher Thematik. Sie müssen die Pflichtaufgabe und eine der drei Wahlaufgaben lösen.

Für den Pflichtteil und den bearbeiteten Wahlteil gibt es jeweils 25 Bewertungseinheiten; es sind also insgesamt 50 Bewertungseinheiten erreichbar. Die erreichbaren Bewertungseinheiten sind unter jeder Prüfungsaufgabe angegeben.
Die Gesamtarbeitszeit beträgt 150 Minuten (pandemiebedingte Zusatzzeit: 2021 – 15 Minuten; 2022 und 2023 – 30 Minuten), nachdem Sie sich 15 Minuten intensiv mit den Aufgaben vertraut machen konnten und das Demonstrationsexperiment durchgeführt wurde.

Als Hilfsmittel dürfen Sie in der Prüfung ein Periodensystem der Elemente, eine Tabellen- und Formelsammlung (ohne ausführliche Musterbeispiele und ohne Wissensspeicheranhang) und ein Wörterbuch der deutschen Rechtschreibung (jeweils in gedruckter Form) sowie einen nicht programmierbaren Taschenrechner verwenden. Prüfungsteilnehmerinnen und -teilnehmer, deren Herkunftssprache nicht oder nicht ausschließlich Deutsch ist, können darüber hinaus ein zweisprachiges Wörterbuch (Deutsch – Herkunftssprache/Herkunftssprache – Deutsch) in gedruckter Form verwenden.
Ein Konzept ist nicht erforderlich, aber für bestimmte Teilaufgaben doch zu empfehlen.

Inhalte des Pflichtteils

Der Pflichtteil beginnt mit einem Demonstrationsexperiment. Damit Sie dem Experiment gut folgen können und auf die entscheidenden Dinge achten, sollten Sie die Versuchsbeschreibung und die dazugehörigen Aufgaben bereits in der 15-minütigen Einarbeitungszeit sorgfältig durchgelesen haben. Während des Experiments müssen Sie sich Notizen zu den Beobachtungen machen, nach denen im Anschluss an das Experiment immer gefragt wird. Anschließend werden Schlussfolgerungen aus dem Versuch von Ihnen erwartet.
Es folgen weitere Aufgaben zum Thema „Stoffe – Teilchen – chemische Reaktionen“.

Inhalte des Wahlteils

Die Themen des Wahlteils sind meist sehr allgemein gehalten. Auf jeden Fall erwartet Sie ein Schülerexperiment und eine Berechnung (Stöchiometrie) mithilfe einer vorgegebenen Reaktionsgleichung.
Die Anforderungen an die Schülerexperimente sind von recht unterschiedlicher Natur.

- Die Vorbetrachtungen können beinhalten:
  - Aufstellung eines Experimentierplans mit Vorgehensweise in Teilschritten
  - Treffen von Voraussagen hinsichtlich experimentell zu erwartender Beobachtungen und ihr Vergleich mit den tatsächlichen Beobachtungen
  - schriftliche Anforderungen von Nachweischemikalien oder entsprechender Geräte nach vorgegebenem oder selbst aufgestelltem Experimentierplan.
- Die Durchführung des Experiments verlangt folgendes von Ihnen:
  - Wenn Ihnen die Durchführung klar ist, stehen Geräte und Chemikalien bereit. Treten Fehler in der Planung auf, werden von der Fachlehrerin bzw. vom Fachlehrer Hinweise gegeben. Dadurch können Sie das Experiment zu einem richtigen Abschluss bringen. Das hat aber den Nachteil, dass Bewertungseinheiten nicht erteilt werden.
  - Die Sicherheitshinweise sind unbedingt zu beachten. Sind keine gegeben, ist in jedem Fall die Schutzbrille aufzusetzen.
- Bei der Auswertung ist zu beachten:
  Lesen Sie sich die durch Anstriche gekennzeichneten Aufgaben genau durch und analysieren Sie die Tätigkeit, die Sie ausführen sollen. Beachten Sie, dass bestimmte Tätigkeiten eine Satzformulierung verlangen (z. B. Begründen, Erklären, Erläutern, Beschreiben). Durch das Formulieren von Sätzen können Ihre Kenntnisse günstig zum Ausdruck gebracht werden.

Bewertung der Aufgaben

Die Bewertung der Aufgaben erfolgt nach folgendem Schema:

Anzahl der erreichten BE	Prozentualer Anteil	Note
47 bis 50 BE	$93\,\% \leq x$	1 (sehr gut)
38 bis 46 BE	$75\,\% \leq x < 93\,\%$	2 (gut)
29 bis 37 BE	$60\,\% \leq x < 75\,\%$	3 (befriedigend)
19 bis 28 BE	$40\,\% \leq x < 60\,\%$	4 (ausreichend)
10 bis 18 BE	$20\,\% \leq x < 40\,\%$	5 (mangelhaft)
0 bis 9 BE	$x < 20\,\%$	6 (ungenügend)

Tipps zum Umgang mit Prüfungsaufgaben

Das Lösen von Aufgaben ist für Sie an sich selbstverständlich nichts Neues. Auch in der Abschlussprüfung werden Ihnen keine völlig neuen Aufgaben begegnen, auf die Sie nicht vorbereitet wurden. Sie können also prinzipiell all die „Strategien“ anwenden, die Sie bisher auch bei Ihren Klassenarbeiten verfolgt haben.
Wegen der Vielfalt der Aufgabenarten und der Tatsache, dass die Aufgaben der Abschlussprüfung nicht von Ihrer Fachlehrerin bzw. ihrem Fachlehrer gestellt werden, ist dies dennoch eine Herausforderung für Sie. Daher können Ihnen einige Tipps helfen, diese Situation erfolgreich zu meistern:

– Lesen Sie alle Aufgabenstellungen sehr aufmerksam durch.
– Beachten Sie das **Signalwort**, das Ihnen die erwartete Tätigkeit anzeigt. Sollen Sie nur Begriffe „nennen“ oder sollen Sie auch etwas „erklären“? Passen Sie die Ausführlichkeit Ihrer Antwort diesen Anforderungen an.
– Eine kleine **Skizze** kann den Einstieg in eine komplexe Aufgabe erleichtern, wenn Sie sich nicht sicher sind, ob Ihr Lösungsansatz stimmt (Konzept).
– Formulieren Sie längere Antworten immer **in klaren und überschaubaren Sätzen**. Nutzen Sie Übergänge und Verknüpfungen zwischen Ihren Sätzen. Bei längeren Texten bietet sich am Ende ein kurzer, zusammenfassender Abschlusssatz an.
– Planen Sie einen nicht zu knappen **Zeitraum für die Überprüfung** der Lösungen ein. Gehen Sie noch einmal alles durch, ob Sie auch keine Aufgabe vergessen haben. Lesen Sie Ihre Lösungen auf Rechtschreibung und Grammatik durch. Beachten Sie bei einer Korrektur, dass auch diese noch lesbar und nachvollziehbar sein muss.
– Versehen Sie am Ende der Bearbeitungszeit **alle Blätter** mit Ihrem Namen und nummerieren Sie die einzelnen Seiten durch. Mit Konzeptblättern ist genauso zu verfahren.

Anforderungen der Prüfung im Fach Chemie

Zu Beginn eines jeden Arbeitsauftrages in den Aufgaben der Abschlussprüfung steht ein Signalwort, dass Ihnen die erwartete Tätigkeit anzeigt. Um bei der Erstellung Ihrer Lösung das „Richtige“ zu tun, sollte man wesentliche Tätigkeiten (Operatoren) kennen.

Auch wenn die Operatoren nicht immer in allen Aufgaben angewandt werden, ist es entscheidend, sich mit den verschiedenen in der Prüfung geforderten Tätigkeiten vertraut zu machen. Dabei hilft Ihnen die folgende Übersicht:

Begründen: Die Frage nach dem vorliegenden Grund muss beantwortet werden.
Anforderung: *Überlegen Sie genau, was begründet werden soll. Verwenden Sie die Bindewörter weil, da, denn, deshalb, dadurch.*
Beispiel: Begründen Sie eine Schutzmaßnahme, die ein Maurer bzw. eine Maurerin im Umgang mit Löschkalk beachten muss.
Lösung: Der Maurer bzw. die Maurerin muss seine bzw. ihre Augen schützen, z. B. durch eine Schutzbrille, weil Löschkalk ein Metallhydroxid mit ätzender Wirkung ist.

Beschreiben: Beobachtete Merkmale von Gegenständen oder Vorgängen werden in Worten/Sätzen wiedergegeben.
Anforderung: *Zeitform Gegenwart. Achten Sie auf Folgerichtigkeit der Darlegung.*
Beispiel: Beschreiben Sie den Nachweis von Stärke.
Lösung: Man versetzt die zu überprüfende Substanz mit Iod-Kaliumiodid-Lösung. Ergibt sich eine Blau-Schwarz-Färbung, ist Stärke vorhanden.

Erklären: Die Fragen nach den Bedingungen, Ursachen und Gründen für das Auftreten eines Sachverhalts sind zu beantworten.
Anforderung: *Beschreiben Sie zunächst die Erscheinung, den Vorgang oder Sachverhalt und führen Sie ihn dann auf Gesetzmäßigkeiten zurück. Klären Sie die Ursache auf.*
Beispiel: Erklären Sie die chemische Bindung im Natriumchlorid-Kristall.
Lösung: Im Natriumchlorid-Kristall liegt Ionenbindung vor. Die elektrisch positiv geladenen Natrium-Ionen und die elektrisch negativ geladenen Chlorid-Ionen ziehen sich elektrostatisch an und ordnen sich regelmäßig zu einem Kristall an.

Erläutern: In einem zusammenhängenden Text ist ein Sachverhalt ausführlich zu erklären. Dabei muss das Unterrichtswissen auf den vorliegenden Fall angewendet werden.
Anforderung: *Schreiben Sie ganze Sätze. Gehen Sie von fachlichen Kenntnissen aus und beziehen Sie Ihre Aussagen deutlich auf den konkreten Sachverhalt.*
Beispiel: Erläutern Sie ein Merkmal der chemischen Reaktion am Beispiel der Verbrennung von Magnesium.
Lösung: Ein Merkmal einer chemischen Reaktion ist die Stoffumwandlung. Bei der Verbrennung von Magnesium entsteht aus einem silbrig glänzenden, festen und leicht biegsamen Stoff ein weißes Pulver.

Nennen: Einzelne, konkrete Aussagen sind gefordert.
Anforderung: *Schreiben Sie nur Worte oder kurze Wortgruppen auf. Oft ist die Anzahl vorgegeben.*
Beispiel: Nennen Sie vier Eigenschaften von Sauerstoff.
Lösung: gasförmig, nicht brennbar, fördert die Verbrennung, Schmelztemperatur –218,4 °C

Vergleichen: Mindestens zwei Gegenstände oder Vorgänge werden gegenübergestellt und dabei Gemeinsamkeiten und Unterschiede festgestellt. Dabei sind die entsprechenden Vergleichspunkte gegebenenfalls selbst zu wählen.
Anforderung: *Wählen Sie zur Darstellung die Tabellenform oder vollständige Sätze, und weisen Sie Gemeinsamkeiten und Unterschiede aus. Oft ist die Anzahl der Kriterien vorgegeben.*
Beispiel: Vergleichen Sie Natriumatom und Natrium-Ion.
Lösung:

Vergleich	**Natriumatom**	**Natrium-Ion**
Gemeinsamkeit	11 Protonen	11 Protonen
Unterschiede	11 Elektronen 3 besetzte Schalen 1 Außenelektron	10 Elektronen 2 besetzte Schalen 8 Außenelektronen

Werten / Bewerten: Objektive Sachverhalte werden zunächst ausführlich beschrieben, und im Anschluss wird die persönliche Meinung zum Ausdruck gebracht.
Anforderung: *Beziehen Sie gesellschaftliche Interessen, Normen und Regeln ein. Verfassen Sie die Meinung in der Ich-Form.*
Beispiel: Wärmekraftwerke müssen Entschwefelungsanlagen besitzen. Bewerten Sie diese gesetzliche Bestimmung.
Lösung: Entschwefelungsanlagen entfernen Schwefeldioxid aus Rauchgasen. Schwefeldioxid ist ein Schadstoff und an der Bildung des sauren Regens beteiligt. Dieser schädigt den Wald. Deshalb finde ich dieses Gesetz richtig.

Folgende Tätigkeiten kommen ebenfalls häufig in der schriftlichen Abschlussprüfung vor:
- Tätigkeiten, die eine Antwort als vollständigen Satz verlangen:
  Belegen oder Beweisen einer Aussage; Interpretieren einer Reaktionsgleichung
- Tätigkeiten, bei denen nur eine Aufzählung in Stichpunkten verlangt wird:
  Angeben; Notieren; Übernehmen und Ergänzen / Vervollständigen einer Tabelle; Nennen, Auswählen; Ordnen nach bestimmten Gesichtspunkten
- Geistig-praktische Tätigkeiten:
  Skizzieren einer Geräteanordnung mit Beschriften der Geräte; experimentelle Überprüfung einer Vermutung; Berechnungen (Stöchiometrie)

Anhang

Chemisches Rechnen (Stöchiometrie)

1. Möglichkeit: Lösen mithilfe der Größengleichung

Stöchiometrisches Verhältnis	Größengleichung	Benennung der Größen
Masse/Masse	$\frac{m_1}{m_2} = \frac{n_1 \cdot M_1}{n_2 \cdot M_2}$	m_1: Masse gesuchter Stoff in g m_2: Masse gegebener Stoff in g (Textaufgabe entnehmen)
		n_1 und n_2: Stoffmenge der Stoffe 1 und 2 in mol (gegebener Reaktionsgleichung entnehmen)
		M_1 und M_2: molare Massen der Stoffe 1 und 2 in $g \cdot mol^{-1}$ (Tafelwerk entnehmen)
Masse/Volumen	$\frac{m_1}{V_2} = \frac{n_1 \cdot M_1}{n_2 \cdot V_m}$	m_1: Masse gesuchter Stoff in g V_2: Volumen gegebener Stoff in Liter (Textaufgabe entnehmen)
		n_1 und n_2: Stoffmengen der Stoffe 1 und 2 in mol (gegebener Reaktionsgleichung entnehmen)
		M_1: molare Masse von Stoff 1 in $g \cdot mol^{-1}$ (Tafelwerk entnehmen) V_m: molares Volumen eines Gases unter Normbedingungen, beträgt für alle Gase: $V_m = 22{,}4\ L \cdot mol^{-1}$
Volumen/Masse	$\frac{V_1}{m_2} = \frac{n_1 \cdot V_m}{n_2 \cdot M_2}$	V_1: Volumen gesuchter Stoff in Liter m_2: Masse gegebener Stoff in g (Textaufgabe entnehmen)
		n_1 und n_2: Stoffmengen der Stoffe 1 und 2 in mol (gegebener Reaktionsgleichung entnehmen)
		M_2: molare Masse von Stoff 2 in $g \cdot mol^{-1}$ (Tafelwerk entnehmen) $V_m = 22{,}4\ L \cdot mol^{-1}$
Volumen/Volumen	$\frac{V_1}{V_2} = \frac{n_1}{n_2}$	V_1: Volumen gesuchter Stoff in Liter V_2: Volumen gegebener Stoff in Liter n_1 und n_2: Stoffmengen der Stoffe 1 und 2 in mol (gegebener Reaktionsgleichung entnehmen)

Um Verwechslungen möglichst auszuschalten, sollte man bei der gesuchten und gegebenen Größe im Ansatz hinter dem Index 1 und 2 in Klammern das Formelzeichen angeben, z. B. m_1 (Fe_2O_3).
Tafelwerk ≙ Tabellen- und Formelsammlung

2. Möglichkeit: Lösen mithilfe der Verhältnisgleichung

Nutzen der Massen- oder Volumenverhältnisse

Beispiel: Methan ist der Hauptbestandteil von Erdgas. Berechnen Sie die Masse Wasser, die bei der Verbrennung von 1 000 Litern Methan entsteht.

Zuordnung der gegebenen und gesuchten Größe an die zutreffenden chemischen Zeichen über der Reaktionsgleichung:

$$\begin{array}{ccccccc} \mathbf{1\,000\ L} & & & & & & \mathbf{m} \\ CH_4 & + & 2\,O_2 & \longrightarrow & CO_2 & + & 2\,H_2O \end{array}$$

Abschreiben der Stoffmengen der Stoffe aus der Reaktionsgleichung:

1 mol **2 mol**

Übernehmen der molaren Größen aus dem Tafelwerk. Ist vom Stoff die Masse gegeben oder gesucht, wird die molare Masse verwendet, ist das Volumen gegeben oder gesucht, muss das molare Volumen eingesetzt werden (für alle Gase $22{,}4\ L \cdot mol^{-1}$ bei Normbedingungen).

$\mathbf{22{,}4\ L \cdot mol^{-1}}$ $\mathbf{18\ g \cdot mol^{-1}}$

Multiplikation der Stoffmenge mit der molaren Größe

22,4 L **36 g**

Aufstellen der Verhältnisgleichung: In den Zähler die oben notierten Größen eintragen, in den Nenner die aus der Reaktionsgleichung ermittelten Volumina oder Massen schreiben:

$$\frac{\mathbf{1\,000\ L}}{\mathbf{22{,}4\ L}} = \frac{m}{\mathbf{36\ g}}$$

Mathematische Umformung:

$$\frac{\mathbf{1\,000\ L \cdot 36\ g}}{\mathbf{22{,}4\ L}} = \mathbf{m}$$

Lösen der Gleichung:

$$\mathbf{m = 1\,607\ g}$$

Formulieren eines sinnvollen Antwortsatzes:

Wenn 1 000 Liter Methan verbrannt werden, entstehen dabei rund 1 607 Gramm Wasser.

Aufstellen von Reaktionsgleichungen für chemische Reaktionen an denen Sauerstoff beteiligt ist

1. Oxidation eines Metalls oder Nichtmetalls

Algorithmus:

- Wortgleichung
- Entnahme der chemischen Zeichen der Ausgangsstoffe und Reaktionsprodukte aus einem Nachschlagewerk (Tafelwerk)
- Ausgleichen der Atome des Elements Sauerstoff
- Ausgleichen der Atome des zweiten Elements
- Die Anzahl der Atome wird immer über den kleinsten gemeinsamen Nenner ausgeglichen.
- Koeffizient 1 wird nicht vor das chem. Zeichen gesetzt

Beispiel: Magnesium + Sauerstoff ⟶ Magnesiumoxid

$Mg \quad O_2 \quad MgO$

$$\mathbf{2}\,Mg + O_2 \longrightarrow \mathbf{2}\,MgO$$

O : 2 = $\mathbf{2} \cdot 1$

Mg : $\mathbf{2} \cdot 1$ = 2

Beispiel: Aluminium + Sauerstoff ⟶ Aluminiumoxid

$Al \quad O_2 \quad Al_2O_3$

$$\mathbf{4}\,Al + \mathbf{3}\,O_2 \longrightarrow \mathbf{2}\,Al_2O_3$$

O : $\mathbf{3} \cdot 2$ = $\mathbf{2} \cdot 3$

Al : $\mathbf{4} \cdot 1$ = $2 \cdot 2$

Beispiel: Schwefel + Sauerstoff ⟶ Schwefeldioxid

$S \quad O_2 \quad SO_2$

$$S + O_2 \longrightarrow SO_2$$

O : 2 = 2

S : 1 = 1

Kein Ausgleichen der Atome erforderlich!

2. Redoxreaktion (mit Sauerstoffübergang)

Algorithmus:

- wie bei Erstens
- Ausgleichen der Atome des dritten Elements noch erforderlich

Beispiel: Eisen(II, III)-oxid + Aluminium ⟶ Eisen + Aluminiumoxid

$Fe_3O_4 \quad Al \quad Fe \quad Al_2O_3$

$$\mathbf{3}\,Fe_3O_4 + \mathbf{8}\,Al \longrightarrow \mathbf{9}\,Fe + \mathbf{4}\,Al_2O_3$$

O : $\mathbf{3} \cdot 4$ = $\mathbf{4} \cdot 3$

Fe : 9 = $\mathbf{9} \cdot 1$

Al : $\mathbf{8} \cdot 1$ = 8

Beispiel: Kupfer(II)-oxid + Eisen ⟶ Kupfer + Eisen(III)-oxid

CuO + Fe ⟶ Cu + Fe_2O_3

$$\mathbf{3}\,CuO + \mathbf{2}\,Fe \longrightarrow \mathbf{3}\,Cu + Fe_2O_3$$

O : **3** · 1	=		3
Cu : 3	=	**3** · 1	
Fe : **2** : 1	=		2

3. Vollständige Verbrennung von gesättigten Kohlenwasserstoffen

Algorithmus:

- Die Reaktionsprodukte sind immer Kohlenstoffdioxid und Wasser.
- Beim Ausgleichen beginnt man mit der Anzahl Kohlenstoffatome. Es folgt der Ausgleich der Wasserstoffatome. Zuletzt werden die Sauerstoffatome ausgeglichen.
- Ergibt sich für Sauerstoff ein gebrochener Koeffizient, werden alle Koeffizienten mit „Zwei“ multipliziert.

Beispiel: Propan + Sauerstoff ⟶ Kohlenstoffdioxid + Wasser

C_3H_8 + O_2 ⟶ CO_2 + H_2O

$$C_3H_8 + \mathbf{5}\,O_2 \longrightarrow \mathbf{3}\,CO_2 + \mathbf{4}\,H_2O$$

C : 3	=	**3** · 1	
H : 8	=		**4** · 2
O : 2	=	6 = 3 · 2	4 = 4 · 1
5 · 2	=	10	

Beispiel: Butan + Sauerstoff ⟶ Kohlenstoffdioxid + Wasser

C_4H_{10} + O_2 ⟶ CO_2 + H_2O

$$C_4H_{10} + \mathbf{6{,}5}\,O_2 \longrightarrow \mathbf{4}\,CO_2 + \mathbf{5}\,H_2O$$

C : 4	=	**4** · 1	
H : 10	=		**5** · 2
O : 2	=	8 = 4 · 2	5 = 5 · 1
6,5 · 2	=	13	

Alle Koeffizienten mit „2“ multiplizieren, um „halbe Moleküle“ chemisch zu vermeiden

$$\mathbf{2}\,C_4H_{10} + \mathbf{13}\,O_2 \longrightarrow \mathbf{8}\,CO_2 + \mathbf{10}\,H_2O$$

Protokoll

Aufgabe:
Entsprechend der experimentellen Anweisung wird der Auftrag in Satzform aufgeschrieben.

Vorbetrachtung:
Fragen zur theoretischen oder praktischen Absicherung des Experiments werden gelöst. (Beschreibung der Ausgangsstoffe, Erklärung von Fachbegriffen, Notieren von Formeln, Beschreibung von Nachweisen, Aufstellen einer Vermutung, etc.)

Skizze:
Die wichtigsten Geräte werden im arbeitsfähigen Zusammenhang grafisch dargestellt (Stativmaterial braucht nicht gezeichnet zu werden, ggf. Stopfen nicht vergessen). Oft ist zusätzlich eine Beschriftung der Geräte und Chemikalien gefordert.

Durchführung:
In zeitlich richtiger Reihenfolge werden die experimentellen Tätigkeiten notiert und Hinweise zum Arbeitsschutz gegeben.

Beobachtungen:
Welche Wahrnehmungen (Sehen, Fühlen, Riechen, Hören) sind mit den Sinnesorganen während des Experiments erfolgt? Bei Einsatz von Messgeräten sind die Messwerte aufzuführen (Temperatur, Zeit).

Auswertung:
Schlussfolgerungen aus den Beobachtungen, Begründung für den Ablauf einer chemischen Reaktion, Formulierungen von Wort- und Reaktionsgleichungen, Bezugnahme zu den Vorbetrachtungen (Bestätigung der Vermutung) und der Aufgabe (Wurde die Aufgabe erfüllt?)

Entsorgung:
Besonders bei Verwendung oder Entstehung von Gefahrstoffen sind die Festlegungen zum Umgang mit diesen Substanzen einzuhalten.

Beispiel

a) Aufgabenstellung:

Protokoll
Einfluss der Temperatur der reagierenden Stoffe auf den Reaktionsverlauf

Aufgabe:
Bringen Sie Magnesium mit Chlorwasserstoffsäure (Salzsäure) bei unterschiedlichen Temperaturen zur Reaktion.

Vorbetrachtung:
1. Formulieren Sie die Reaktionsgleichung für die Reaktion von Magnesium mit Salzsäure.
2. Stellen Sie eine Vermutung auf, wie sich unterschiedliche Temperaturen auf den Verlauf der Reaktion auswirken könnten.

Durchführung:
1. Bereiten Sie 2 Stück Magnesiumband von 1,5 cm Länge vor.
2. Füllen Sie das Becherglas mit warmem Wasser (Warmwasserleitung).
3. Füllen Sie zwei Reagenzgläser halb voll mit Chlorwasserstoffsäure.
4. Stellen Sie ein Reagenzglas in das warme Wasser.
5. Geben Sie das erste Stück Magnesiumband in die Säure mit Zimmertemperatur und messen Sie die Zeit, bis das Stück vollständig zersetzt ist. Notieren Sie die Zeit.

6. Wiederholen Sie die Reaktion, indem Sie nun das zweite Stück Magnesiumband in die inzwischen erwärmte Säure geben. Notieren Sie ebenfalls die Zeit bis zum vollständigen Zersetzen des Metalls.

Beobachtungen:
Reagenzglas 1 (Zimmertemperatur):
Reagenzglas 2 (erwärmt):

Auswertung:
1. Vergleichen Sie die Zeiten bei den Teilversuchen und bewerten Sie Ihre Vermutung.
2. Formulieren Sie in Worten einen Zusammenhang zwischen der Temperatur der reagierenden Stoffe und der Reaktionszeit.
3. Entscheiden Sie aufgrund der Versuchsergebnisse, ob die folgenden Aussagen wahr oder falsch sind:
   (1) Bei geringerer Temperatur wird in gleicher Zeit weniger Wasserstoff gebildet als bei höherer Temperatur.
   (2) Das gleiche Volumen Wasserstoff entsteht bei niedriger Temperatur eher als bei höherer Temperatur.
   (3) Bei niedriger Temperatur bildet sich das gleiche Volumen Wasserstoff in längerer Zeit als bei höherer Temperatur!
4. Begründen Sie, warum sich Nahrungsmittel in Kühlschrank länger halten als bei Zimmertemperatur!

Entsorgung:
Nach der Ausführung der Aufgabe spülen Sie bitte alle Reagenzgläser aus. Die Entsorgung der Lösungen ist über das Abwasser problemlos möglich.

b) mögliches Ergebnis:

Protokoll
Einfluss der Temperatur der reagierenden Stoffe auf den Reaktionsverlauf

Aufgabe:
Bringen Sie Magnesium mit Chlorwasserstoffsäure (Salzsäure) bei unterschiedlichen Temperaturen zur Reaktion.

Vorbetrachtung:
1. $Mg + 2\,HCl \longrightarrow MgCl_2 + H_2$
2. Bei höherer Temperatur wird die chemische Reaktion vermutlich in kürzerer Zeit ablaufen.

Beobachtungen:
Reagenzglas 1 (Zimmertemperatur): 25 s
Reagenzglas 2 (erwärmt): 15 s

Auswertung:
1. Vergleich: 25 s > 15 s
   Meine Vermutung war richtig
2. Bei höherer Temperatur verläuft eine chemische Reaktion in einer kürzeren Zeit.
3. (1) wahr
   (2) falsch
   (3) wahr
4. Bei der niedrigeren Temperatur im Kühlschrank verlaufen die chemischen Reaktionen zur Zersetzung der Nahrungsmittel langsamer.

Grundlegende Begriffe des Chemielehrplans

Klassenstufe 8

Begriff	*Begriffserläuterung*
Ausgangsstoffe	Ausgangsstoffe sind Stoffe, die vor einer chemischen Reaktion vorliegen.
Chemische Reaktion	Eine chemische Reaktion ist ein Vorgang, bei dem eine Stoffumwandlung verbunden mit einer Energieumwandlung stattfindet.
Chemische Verbindung	Eine chemische Verbindung ist ein Stoff, der aus mehreren Elementen zusammengesetzt ist.
Chemisches Element	Ein chemisches Element ist ein Stoff, der nur aus einer Atomart besteht.
Endotherme Reaktion	Eine endotherme Reaktion ist eine Reaktion, bei der Wärme aufgenommen wird.
Energieumwandlung	Die Energieumwandlung ist ein Merkmal der chemischen Reaktion, bei der Energie der Ausgangsstoffe in Energie der Reaktionsprodukte umgewandelt wird.
Exotherme Reaktion	Eine exotherme Reaktion ist eine Reaktion, bei der Wärme abgegeben wird.
Formel	Die Formel kennzeichnet eine chemische Verbindung.
Kern-Hülle-Modell	Das Kern-Hülle-Modell ist eine Vorstellung vom Bau eines Atoms, das aus einem elektrisch positiv geladenen Atomkern (Protonen) und einer elektrisch negativ geladenen Atomhülle (Elektronen) besteht.
Molare Masse	Die molare Masse M eines Stoffes ist der Quotient aus der Masse m einer Stoffportion und der zugehörigen Stoffmenge n. (Masse eines Stoffes, die sich auf 600 Trilliarden Teilchen dieses Stoffes bezieht – im Tafelwerk ablesbar)
Molekül	Ein Molekül ist eine Teilchenart, die aus mindestens zwei Atomen besteht.
Oxid	Ein Oxid ist eine Verbindung eines Elements mit Sauerstoff.
Oxidation	Eine Oxidation ist eine chemische Reaktion, bei der ein Stoff mit Sauerstoff reagiert. Das Reaktionsprodukt nennt man Oxid.
Oxidationsmittel	Als Oxidationsmittel wirkt der Ausgangsstoff, der Sauerstoff abgeben kann. Er wird selbst reduziert.
Reaktionsgleichung	Die Reaktionsgleichung ist eine Kennzeichnung der chemischen Reaktion mithilfe der chemischen Zeichensprache.
Reaktionsprodukte	Reaktionsprodukte sind Stoffe, die bei einer chemischen Reaktion gebildet werden.
Redoxreaktion	Eine Redoxreaktion ist eine chemische Reaktion, bei der Oxidation und Reduktion gleichzeitig ablaufen.
Reduktion	Eine Reduktion ist eine chemische Reaktion, bei der einem Oxid Sauerstoff entzogen wird.

Reduktionsmittel	Als Reduktionsmittel wirkt der Ausgangsstoff, der Sauerstoff aufnehmen kann. Er wird selbst oxidiert.
Reinstoff	Ein Reinstoff besteht nur aus einem Stoff.
Stoff	Ein Stoff ist ein Material, aus dem Körper bestehen.
Stoffgemisch	Ein Stoffgemisch besteht aus mindestens zwei Reinstoffen.
Stoffmenge	Die Stoffmenge n von 1 mol ist eine Stoffportion, die aus $6 \cdot 10^{23}$ Teilchen (600 Trilliarden Teilchen) besteht.
Stoffumwandlung	Bei einer Stoffumwandlung entstehen neue Stoffe mit neuen Eigenschaften.
Symbol	Das Symbol ist ein international vereinbartes Zeichen für ein chemisches Element.
Wortgleichung	Die Wortgleichung gibt die Namen der Ausgangsstoffe und Reaktionsprodukte einer chemischen Reaktion an.

Klassenstufe 9

Begriff	*Begriffserläuterung*
Atombindung	Eine Atombindung ist eine Art der chemischen Bindung, bei der der Zusammenhalt der Atome durch gemeinsame Elektronenpaare bewirkt wird.
Außenelektronen	Außenelektronen sind die Elektronen, die sich am weitesten vom Atomkern entfernt befinden.
basische Lösung	Basische Lösungen sind wässrige Lösungen, in denen Hydroxid-Ionen im Überschuss vorhanden sind.
Elektronenschale	Die Elektronenschale ist der Aufenthaltsraum der Elektronen in der Atomhülle.
fraktionierte Destillation	Unter fraktionierter Destillation versteht man ein Verfahren zur Trennung eines Stoffgemisches aufgrund unterschiedlicher Siedetemperaturen in Teilstoffgemische (Fraktionen).
gesättigte Kohlenwasserstoffe	Gesättigte Kohlenwasserstoffe sind Kohlenwasserstoffe mit nur Einfachbindungen zwischen den Kohlenstoffatomen im Molekül.
Ionen	Ionen sind elektrisch positiv oder negativ geladene Teilchen in der Größenordnung eines Atoms.
Ionenbindung	Die Ionenbindung ist eine chemische Bindungsart, die auf der Anziehung von entgegengesetzt geladenen Ionen beruht.
Kohlenwasserstoffe	Kohlenwasserstoffe sind chemische Verbindungen, die nur aus den Elementen Kohlenstoff und Wasserstoff aufgebaut sind.
Modifikationen	Als Modifikationen bezeichnet man unterschiedliche Erscheinungsformen eines Stoffes.
molares Volumen eines Gases	V_m ist der Quotient aus dem Volumen V und der dazugehörigen Stoffmenge n; V_m (für alle Gase unter Normbedingungen) = 22,4 L · mol^{-1}
Monomer	Ein Monomer ist ein Einzelmolekül.

neutrale Lösung	Neutrale Lösungen sind wässrige Lösungen, in denen weder ein Überschuss an Wasserstoff-Ionen noch ein Überschuss an Hydroxid-Ionen vorhanden ist.
Neutralisation	Die Neutralisation ist eine chemische Reaktion, bei der Wasserstoff-Ionen mit Hydroxid-Ionen zu Wassermolekülen reagieren bzw. ist eine chemische Reaktion, bei der eine saure Lösung mit einer basischen Lösung zu einer neutralen Lösung reagiert.
pH-Wert	Der pH-Wert ist eine Zahl für die Stärke einer sauren bzw. basischen Lösung.
Polymer	Ein Polymer ist ein Riesenmolekül, das aus vielen Einzelmolekülen gebildet wird.
Polymerisation	Die Polymerisation ist eine chemische Reaktion, bei der aus Monomeren unter Aufspaltung der vorhandenen Mehrfachbindungen Polymere entstehen.
saure Lösung	Eine saure Lösung ist eine wässrige Lösung mit einem Überschuss an Wasserstoff-Ionen.
ungesättigte Kohlenwasserstoffe	Ungesättigte Kohlenwasserstoffe sind Kohlenwasserstoffe mit mindestens einer Mehrfachbindung zwischen den Kohlenstoffatomen im Molekül.

Klassenstufe 10

Begriff	*Begriffserläuterung*
Katalysator	Ein Katalysator ist ein Stoff, der eine chemische Reaktion auslösen bzw. deren Reaktionsgeschwindigkeit erhöhen kann.
Metallbindung	Die Metallbindung ist eine Art der chemischen Bindung, die auf der Anziehung elektrisch positiv geladener Metall-Ionen und elektrisch negativ geladener frei beweglicher Elektronen beruht.
Reaktionsgeschwindigkeit	Die Reaktionsgeschwindigkeit ist der Quotient aus Konzentrationsänderung eines an der Reaktion beteiligten Stoffes und der dafür benötigten Zeit.

Demonstrations- und Schülerexperimente der Jahrgangsaufgaben

Jahr	Aufgabe	Inhalt	Lösung (Seite)
2013	Pflicht 1 (DE) Wahl 2 (SE) Wahl 3 (SE) Wahl 4 (SE)	– Erkennen von chemischen Reaktionen – Identifizieren von Calciumsulfat – Unterscheiden von Kalkentferner und Spülmaschinenpulver – Unterscheiden von Wasser, Eiweiß-Lösung und Silbernitrat-Lösung	2013-2 2013-6 f. 2013-9 2013-12
2014	Pflicht 1 (DE) Wahl 2 (SE) Wahl 3 (SE) Wahl 4 (SE)	– Untersuchen von Natriumchlorid – Nachweis von Ionen – Edle und unedle Metalle – Kalklöschen	2014-2 2014-5 f. 2014-10 2014-14
2015	Pflicht 1 (DE) Wahl 2 (SE) Wahl 3 (SE) Wahl 4 (SE)	– Identifizieren von Stoffproben – Untersuchen von Brausepulver – Energieaustausch bei chemischen Reaktionen – Nachweis und Darstellen von Sauerstoff	2015-2 2015-6 2015-11 2015-15
2016	Pflicht 1 (DE) Wahl 2 (SE) Wahl 3 (SE) Wahl 4 (SE)	– Verbrennen eines Kohlenwasserstoffs – Identifizieren von Wasserproben – Beeinflussung einer chemischen Reaktion – Erkennen ungesättigter Verbindungen	2016-2 2016-6 2016-11 2016-15
2017	Pflicht 1 (DE) Wahl 2 (SE) Wahl 3 (SE) Wahl 4 (SE)	– Reaktion von Siliciumdioxid mit Magnesium – Neutralisation von verdünnter Schwefelsäure – Unterscheiden von Stoffgemischen – Identifizieren eines Sulfates und eines Carbonates	2017-2 2017-5 2017-9 2017-12
2018	Pflicht 1 (DE) Wahl 2 (SE) Wahl 3 (SE) Wahl 4 (SE)	– Nachweis von Glucose in Lebensmitteln – Untersuchen von Aspirin – Reaktion einer Brausetablette – Identifizieren von Stoffproben	2018-2 2018-6 2018-10 2018-15
2019	Pflicht 1 (DE) Wahl 2 (SE) Wahl 3 (SE) Wahl 4 (SE)	– Neutralisation – Reaktion unedler Metalle – Nachweis ungesättigter Kohlenwasserstoffe – Unterscheiden von Lösungen	2019-2 2019-6 f. 2019-11 2019-16
2020	Pflicht 1 (DE) Wahl 2 (SE) Wahl 3 (SE) Wahl 4 (SE)	– Untersuchen von Bariumchloridlösung – Neutralisation einer Abwasserprobe – Identifizierung von Lösungen – Beeinflussung einer chemischen Reaktion	2020-2 2020-6 2020-10 2020-14 f.

DE: Demonstrationsexperiment der Lehrkraft in der Pflichtaufgabe
SE: Schülerexperiment in der entsprechenden Wahlaufgabe

2021	Pflicht 1 (DE) Wahl 2 (SE) Wahl 3 (SE) Wahl 4 (SE)	– Darstellung und Nachweis von Kohlenstoffdioxid – Reaktion unedler Metalle – Identifizieren von Stoffproben – Identifizieren von Stoffproben	2021-1 2021-5 2021-8 2021-13
2022	Pflicht 1 (DE) Wahl 2 (SE) Wahl 3 (SE) Wahl 4 (SE)	– Ionennachweis in einer Kochsalzlösung – Trennen eines Stoffgemisches – Nachweis von Glucose und Stärke – Reaktion von Metallen mit verdünnter Salzsäure	2022-1 2022-4 2022-8 2022-13

DE: Demonstrationsexperiment der Lehrkraft in der Pflichtaufgabe
SE: Schülerexperiment in der entsprechenden Wahlaufgabe

Realschulabschluss 2013 Chemie (Sachsen)
Pflichtaufgabe 1: Stoffe – Teilchen – Chemische Reaktionen

BE

1.1 Ihnen werden folgende Experimente demonstriert:
a) Erhitzen von Kerzenwachs
b) Erhitzen von Traubenzucker
c) Erhitzen eines Magnesiumspans

– Notieren Sie Ihre Beobachtungen zu den Experimenten a), b) und c).
– Ordnen Sie die Experimente physikalischen Vorgängen bzw. chemischen Reaktionen zu und begründen Sie Ihre Zuordnungen.
– Geben Sie je ein Beispiel für die Bedeutung chemischer Reaktionen zur Stoffgewinnung und zur Energiebereitstellung an. 11

1.2 Für Magnesium und Traubenzucker lassen sich folgende Angaben gegenüberstellen:

– Übernehmen Sie die Tabelle in Ihre Arbeit und ergänzen Sie die fehlenden Angaben.

	Magnesium	**Traubenzucker**
Stoffklasse	–	– Molekülsubstanz
Eigenschaften		
– Farbe	–	– weiß
–	– 1,71 $g \cdot cm^{-3}$	–
–	–	– 146 °C
– elektrische Leitfähigkeit	–	–
Verwendung	–	–

5

1.3 Eis – Wasser – Dampf sind verschiedene Aggregatzustände eines Stoffes.

– Geben Sie die Formel dieses Stoffes an.
– Entwickeln Sie die Reaktionsgleichung für die Bildung von Wasser aus den Elementen.
– Folgende Aussagen sind wahr oder falsch. Berichtigen Sie die falsche Aussage.
a) Wasser ist aus Molekülen aufgebaut.
b) Ein Wasserteilchen besteht aus zwei Wasserstoff-Ionen und einem Sauerstoff-Ion.
c) Innerhalb der Wasserteilchen liegen Atombindungen vor. 4

1.4 Modelle helfen uns, chemische Sachverhalte zu erklären.

– Leiten Sie aus der Stellung des Elementes Neon im Periodensystem der Elemente drei Aussagen über den Atombau ab.
– Notieren Sie Name und chemisches Zeichen eines Ions, das …
a) die gleiche Anzahl an Außenelektronen besitzt wie das Neon-Atom.
b) die gleiche Anzahl an besetzten Elektronenschalen besitzt wie das Neon-Atom. 5

25

Lösungen

1.1 *Es ist davon auszugehen, dass das Demonstrationsexperiment in folgender Weise vorgeführt wurde:*
a) Im Reagenzglas wird ein Stück Kerzenwachs kurzzeitig erhitzt.
b) Im Reagenzglas wird eine Stoffprobe Traubenzucker erhitzt.
c) Ein Magnesiumspan wird zunächst in die Brennerflamme gehalten und danach herausgenommen.

- **Beobachtungen:**
  a) Das feste Stück Kerzenwachs beginnt zu schmelzen.
  b) Der pulverförmige Traubenzucker beginnt nach kurzer Zeit zu schmelzen und verändert seine Farbe von weiß über gelb und braun zu schwarz. Dabei entstehen Gase, die einen unangenehmen Geruch haben.
  c) In der Brennerflamme entzündet sich der Magnesiumspan und brennt außerhalb der Flamme weiter. Es kommt zu einer grellen Lichterscheinung. Schließlich entsteht ein weißes Pulver.

- *Beachten Sie, dass Sie jeweils eine Entscheidung fällen und die Zuordnung begründen müssen.*

  Das Teilexperiment **a** ist ein **physikalischer Vorgang**, weil sich lediglich der Aggregatzustand ändert. Die wesentlichen Eigenschaften des Stoffes bleiben erhalten.
  Beim Erhitzen von Traubenzucker im Teilexperiment **b** handelt es sich um eine **chemische Reaktion**, weil ein neuer Stoff mit anderen Eigenschaften entsteht: Aus dem weißen, pulvrigen Traubenzucker wird u. a. ein fester schwarzer Stoff und ein übelriechendes Gas.
  Das Erhitzen des Magnesiumspans im Teilexperiment **c** ist ebenfalls eine **chemische Reaktion**. Der silbrig glänzende, biegbare Magnesiumspan verändert sich zu einem weißen Pulver.

- *Die Aufgabenstellung gestattet Ihnen ein breites Spektrum an Antworten. Sie müssen sich nicht auf die im Experiment verwendeten Stoffe beziehen.*

  Chemische Reaktionen werden zur Herstellung von **Kunststoffen** genutzt.
  Durch die **Verbrennung von Heizgas** im Haushalt wird Wärmeenergie bereitgestellt.

1.2

	Magnesium	**Traubenzucker**
Stoffklasse	– Metalle	– Molekülsubstanzen
Eigenschaften – Farbe – Dichte – Schmelztemperatur – elektrische Leitfähigkeit	 – silbrig grau – $1{,}71\ g \cdot cm^{-3}$ – 650 °C – ja	 – weiß – $1{,}54\ g \cdot cm^{-3}$ – 146 °C – nein
Verwendung	– z. B. Werkstoff im Fahrzeugbau	– z. B. Nahrungsmittel

1.3 – H_2O
- $2\,H_2 + O_2 \longrightarrow 2\,H_2O$
- Die falsche Aussage ist **b**. Richtig muss sie lauten: Ein Wasserteilchen besteht aus zwei Wasserstoff**atomen** und einem Sauerstoff**atom**.

1.4 – *Beachten Sie, dass Sie die Aussagen zum Atombau aus der Stellung des Elements im Periodensystem der Elemente ableiten müssen.*

Das Element Neon hat im Periodensystem die Ordnungszahl 10. Das bedeutet, dass das Neonatom **10 Protonen** aufweist. Weil das Element Neon in der VIII. Hauptgruppe eingeordnet ist, kann ich schlussfolgern, dass das Neonatom **8 Außenelektronen** hat. Die Zuordnung zur 2. Periode weist darauf hin, dass die Elektronen auf **zwei Schalen** verteilt sind.

– a) z. B. Fluorid-Ion F^-

alternativ:
z. B. Natrium-Ion Na^+

alternativ:
z. B. Calcium-Ion Ca^{2+}

b) z. B. Fluorid-Ion F^-

alternativ:
z. B. Natrium-Ion Na^+

alternativ:
z. B. Oxid-Ion O^{2-}

BE

2.1 Lesen Sie den Text „Schwefel – ein Nichtmetall“ und bearbeiten Sie die nachstehenden Aufgaben:

Schwefel – ein Nichtmetall

Schwefel ist ein spröder, fester, mattgelber Stoff. Er ist geruchlos, wasserunlöslich und nicht elektrisch leitfähig. Man findet ihn in vulkanischen Ablagerungen und als Bestandteil vieler Mineralien. Schwefel kommt in unterschiedlichen Erscheinungsformen (Modifikationen) vor, als rhombischer Schwefel, mit Kristallen in Doppelpyramidenform und als monokliner Schwefel aus nadelförmigen Kristallen.
Beim Verbrennen von Schwefel entsteht ein Gas, das als Luftschadstoff bekannt ist. Diese chemische Reaktion wird aber auch bewusst genutzt beim „Schwefeln“. Winzer nutzen sie zur Desinfektion von Weintanks, aber auch zum Bleichen von Kartoffelklößen kann sie eingesetzt werden.
Über zwei Zwischenstufen dienen Schwefel bzw. Schwefelverbindungen als Ausgangsstoff der Schwefelsäureherstellung.

- Begründen Sie anhand von zwei Eigenschaften die Zuordnung von Schwefel zu den Nichtmetallen.
- Erstellen Sie einen Steckbrief mit acht Angaben zu Vorkommen, Eigenschaften und Verwendung von Schwefel.
- Formulieren Sie für das Verbrennen von Schwefel die Reaktionsgleichung. 8

2.2 Schwefeldioxid ist ein bekannter Luftschadstoff.

- Notieren Sie zwei weitere Nichtmetalloxide mit Name und Formel, die als Luftschadstoffe bedeutsam sind.
- Wählen Sie einen Luftschadstoff aus und erstellen Sie eine Übersicht (z. B. Mind-Map, Tabelle) zu folgenden Schwerpunkten:
  a) zwei Verursacher
  b) Schadwirkung
  c) drei Möglichkeiten zur Umweltentlastung 6

2.3 Die Gewinnung des in Erdöl oder Erdgas gebundenen Schwefels lässt sich durch folgende Reaktionsgleichung zusammenfassen:

$$6\,H_2S + 3\,O_2 \longrightarrow 6\,S + 6\,H_2O$$

- Berechnen Sie, welches Volumen an Sauerstoff nötig ist, um 12 kg Schwefel zu gewinnen. 4

2.4 **Experiment**
In mit A, B und C gekennzeichneten Gefäßen befinden sich drei weiße Feststoffe. Dabei handelt es sich um Natriumsulfat, Calciumsulfat und Calciumcarbonat. Nur Natriumsulfat ist gut in Wasser löslich.
Ermitteln Sie, in welchem Gefäß sich Calciumsulfat befindet.

- Planen Sie Ihr experimentelles Vorgehen und legen Sie den Plan dem Lehrer vor.

– Führen Sie das Experiment durch.
– Notieren Sie Ihre Beobachtungen und schlussfolgern Sie daraus, in welchem Gefäß sich Calciumsulfat befindet. 7/25

Lösungen

2.1 – *Beachten Sie den Operator „Begründen".*

Schwefel ist **spröde**, dagegen sind alle Metalle biegbar. Schwefel ist **nicht elektrisch leitfähig**, alle Metalle sind aber gute elektrische Leiter.

– **Steckbrief Schwefel**

Insgesamt reichen 8 Angaben aus. Achten Sie darauf, die Gliederung einzuhalten. Sie können auch Angaben verwenden, die nicht im Text vorkommen.

Vorkommen:
- in mineralischen Ablagerungen
- Bestandteil vieler Mineralien

Eigenschaften:
- spröde
- fest
- mattgelb
- geruchlos
- wasserunlöslich
- nicht elektrisch leitfähig

Verwendung:
- Herstellung der Schwefelsäure
- Desinfektion von Weintanks
- Schwefeln (Bleichen) von Kartoffelklößen

– $S + O_2 \longrightarrow SO_2$

alternativ:

$2\,S + 3\,O_2 \longrightarrow 2\,SO_3$

2.2 – z. B. Stickstoffdioxid NO_2, Stickstoffmonooxid NO

alternativ:

Kohlenstoffmonooxid CO, Kohlenstoffdioxid CO_2

– *Stellen Sie Ihre Aussagen in der geforderten Form und Gliederung dar. Als Lösungsvorschlag eine Tabelle für Schwefeldioxid:*

Stoff	Schwefeldioxid
Verursacher	– schwefelhaltige Kohle wird verbrannt – Kraftstoff mit Schwefelanteil wird in Kraftfahrzeugen verbrannt
Schadwirkung	– saurer Regen
Möglichkeiten der Umweltentlastung	– schwefelfreien Kraftstoff benutzen – andere Energieträger auswählen – Energiebedarf senken

2.3 *Im Text ist die Masse des Schwefels gegeben, die Reaktionsgleichung enthält die Stoffmengen von Schwefel und Sauerstoff. Im Tafelwerk findet man die molare Masse von Schwefel und das molare Volumen aller Gase beträgt 22,4 L · mol^{-1}.*

Berechnung:

Reaktionsgleichung:

$6\,H_2S + 3\,O_2 \longrightarrow 6\,S + 6\,H_2O$

Gesucht: V_1 (Sauerstoff)

Gegeben: m_2 (Schwefel) = 12 kg

$n_1 = 3$ mol $\qquad V_m = 22{,}4\ \text{L} \cdot \text{mol}^{-1}$

$n_2 = 6$ mol $\qquad M_2 = 32\ \text{g} \cdot \text{mol}^{-1}$

Lösung:

$$\frac{V_1}{m_2} = \frac{n_1 \cdot V_m}{n_2 \cdot M_2}$$

$$\frac{V_1}{12\ \text{kg}} = \frac{3\ \text{mol} \cdot 22{,}4\ \text{L} \cdot \text{mol}^{-1}}{6\ \text{mol} \cdot 32\ \text{g} \cdot \text{mol}^{-1}}$$

$$\frac{V_1}{12\,000\ \text{g}} = \frac{3\ \text{mol} \cdot 22{,}4\ \text{L} \cdot \text{mol}^{-1}}{6\ \text{mol} \cdot 32\ \text{g} \cdot \text{mol}^{-1}}$$

$V_1 = 4\,200$ L

Antwortsatz: Um 12 kg Schwefel zu gewinnen, ist ein Volumen von 4 200 Litern Sauerstoff notwendig.

Alternativer Rechenweg:

1. Textanalyse:	V	12 kg
$6\,H_2S$ +	$3\,O_2 \longrightarrow$	$6\,S + 6\,H_2O$
2. Stoffmenge:	3 mol	6 mol
3. molare Größe:	22,4 L · mol^{-1}	32,4 g · mol^{-1}
4. Volumen/Masse:	67,2 L	192 g

5. Verhältnisgleichung:

$$\frac{V}{67{,}2\ \text{L}} = \frac{12\ \text{kg}}{192\ \text{g}}$$

$$\frac{V}{67{,}2\ \text{L}} = \frac{12\,000\ \text{g}}{192\ \text{g}}$$

6. Lösung und Ergebnis: $V = 4\,200$ L

7. Antwortsatz: Um 12 kg Schwefel zu gewinnen, ist ein Volumen von 4 200 Litern Sauerstoff notwendig.

2.4 – *Bevor Sie experimentieren, müssen Sie einen Plan vorlegen.*

Plan: Zuerst werden Stoffproben der Stoffe A, B und C mit Wasser versetzt. Da nur Natriumsulfat gut in Wasser löslich ist, kann dieser Stoff eindeutig bestimmt werden. Um Calciumcarbonat von Calciumsulfat zu unterscheiden, nutzt man die Tatsache aus, dass Carbonate durch Säuren zersetzt werden. Der Stoff, bei dem mit einer Säure keine Reaktion auftritt, muss Calciumsulfat sein.

Variante zur Unterscheidung von Calciumcarbonat und Calciumsulfat: Calciumcarbonat wird bei einer Temperatur von 900 °C zersetzt, Calciumsulfat schmilzt bei 1 450 °C. Damit ist Calciumsulfat der Stoff, der beim starken Erhitzen schmilzt und sich nicht zersetzt.
Diese Vorgehensweise ist unter den schulischen Experimentierbedingungen aber kaum möglich.

- **Experiment**
- **Beobachtungen:** Beim Versetzen mit Wasser entstehen bei den Stoffen A und B trübe Aufschlämmungen. Das Gemisch aus Wasser und dem Stoff C ist klar. Tropft man zum Stoff A etwas Säure, so schäumt der Stoff unter Zischen auf. Bei Stoff B passiert nichts.

  Schlussfolgerung: Aus den Beobachtungsergebnissen schlussfolgere ich, dass das Calciumsulfat im Reagenzglas B sein muss, da es nicht löslich ist und durch Säuren nicht zersetzt wird.

Realschulabschluss 2013 Chemie (Sachsen)
Wahlaufgabe 3: Säuren im Alltag

BE

3.1 **Experiment**

In mit A und B gekennzeichneten Gefäßen befinden sich Feststoffe, bei denen es sich um Kalkentferner und Spülmaschinenpulver handelt.

- Planen Sie Ihr experimentelles Vorgehen, um den säurehaltigen Feststoff zu identifizieren. Legen Sie den Plan dem Lehrer vor.
- Führen Sie das Experiment durch.
- Notieren Sie Ihre Beobachtungen.
- Werten Sie Ihre Beobachtungen aus. Übernehmen Sie dazu die Tabelle in Ihre Arbeit und ergänzen Sie diese.

	Name und chemisches Zeichen des in der Lösung nachgewiesenen Teilchens	**Charakter der Lösung**
Feststoff A		
Feststoff B		

- Ordnen Sie den mit A und B gekennzeichneten Gefäßen den jeweiligen Feststoff zu. 10

3.2 Essigessenz enthält 25 % einer Säure.

- Geben Sie den chemischen Namen und die Formel dieser Säure an.
- Begründen Sie zwei Regeln zum sachgerechten Umgang mit Essigessenz. 3

3.3 Zur Herstellung von Schwefelsäure werden Schwefeltrioxid und Wasser verwendet. Die vereinfachte Reaktionsgleichung lautet.

$$SO_3 + H_2O \longrightarrow H_2SO_4$$

- Berechnen Sie die Masse an Schwefeltrioxid, die zur Herstellung von 10 t reiner Schwefelsäure eingesetzt werden muss. 4

3.4 Lesen Sie den Text „Sodbrennen" und bearbeiten Sie die nachstehenden Aufgaben:

Sodbrennen

Als Sodbrennen bezeichnet man brennende Schmerzen hinter dem Brustbein, die bis zum Hals und Rachen ausstrahlen können. Dieser Schmerz wird durch das Aufsteigen von Magensaft (Magensäure) in die Speiseröhre verursacht. Magensaft besteht aus Schleim, Salzsäure, Wasser und Enzymen. Eiweiße werden im Magen von der Salzsäure so verändert, dass sie von den Enzymen des Magensaftes abgebaut werden können. Außerdem tötet die Salzsäure Bakterien. Magensäure besitzt bei Nüchternheit einen pH-Wert von 1–1,5. Ist der Magen mit Speisen gefüllt, beträgt der pH-Wert 2–4.
Sodbrennen kann mit verschiedenen Medikamenten behandelt werden. Diese enthalten neben verschiedenen Wirkstoffen den Bestandteil Magnesiumhydroxid. Bereits kurze Zeit nach der Einnahme führen Medikamente gegen Sodbrennen zur Beschwerdefreiheit.

- Entwickeln Sie die Reaktionsgleichung für die chemische Reaktion von Salzsäure mit Magnesiumhydroxid.
- Ordnen Sie diese chemische Reaktion der entsprechenden Reaktionsart zu.
- Erläutern Sie das Wesen dieser Reaktionsart.
- Erstellen Sie für Salzsäure einen Steckbrief mit sechs Angaben. 8

25

Lösungen

3.1 – *Bevor Sie experimentieren, müssen Sie einen Plan vorlegen.*

Plan: Von den Feststoffen stelle ich zunächst Lösungen her. Die Lösungen überprüfe ich mit Universalindikator-Lösung (Unitest). Der säurehaltige Stoff färbt Unitest rot.

- **Experiment**
- **Beobachtungen:** Die Lösung des Stoffes A färbt Unitest rot. Die Lösung des Stoffes B färbt Unitest blau.

	Name und chemisches Zeichen des in der Lösung nachgewiesenen Teilchens	Charakter der Lösung
Feststoff A	Wasserstoff-Ion, H^+	sauer
Feststoff B	Hydroxid-Ion, OH^-	basisch

- A ist Kalkentferner, B ist Spülmaschinenpulver.

3.2 – Essigsäure (Ethansäure); Formel: CH_3COOH

- *Beachten Sie, dass die Regeln zum Umgang mit Essigessenz zu begründen sind.*

Da Essigessenz stark ätzend ist, darf dieser Stoff nur **verdünnt angewendet** werden. Da Essigessenz stark ätzend ist, muss der Stoff **außerhalb der Reichweite von Kindern** aufbewahrt werden.

3.3 *Im Text ist die Masse der Schwefelsäure gegeben, die Reaktionsgleichung enthält die Stoffmengen von Schwefeltrioxid und Schwefelsäure. Im Tafelwerk finden Sie die molaren Massen von Schwefeltrioxid und Schwefelsäure.*

Berechnung:

Reaktionsgleichung:

$$SO_3 + H_2O \longrightarrow H_2SO_4$$

Gesucht: m_1 (Schwefeltrioxid)

Gegeben: m_2 (Schwefelsäure) = 10 t

$n_1 = 1$ mol $\quad M_1 = 80{,}1\ g \cdot mol^{-1}$

$n_2 = 2$ mol $\quad M_2 = 98{,}1\ g \cdot mol^{-1}$

Lösung:

$$\frac{m_1}{m_2} = \frac{n_1 \cdot M_1}{n_2 \cdot M_2}$$

$$\frac{m_1}{10\,t} = \frac{1\,mol \cdot 80{,}1\,g \cdot mol^{-1}}{1\,mol \cdot 98{,}1\,g \cdot mol^{-1}}$$

$$m_1 = 8{,}2\,t$$

Antwortsatz: Um 10 t reine Schwefelsäure herzustellen, sind 8,2 t Schwefeltrioxid notwendig.

Alternativer Rechenweg:

1. Textanalyse:	m	10 t
	$SO_3 + H_2O \longrightarrow$	H_2SO_4
2. Stoffmenge:	1 mol	1 mol
3. molare Größe:	$80{,}1\ g \cdot mol^{-1}$	$98{,}1\ g \cdot mol^{-1}$
4. Masse:	80,1 g	98,1 g
5. Verhältnisgleichung:	$\frac{m}{80{,}1\,g} = \frac{10\,t}{98{,}1\,g}$	
6. Lösung und Ergebnis:	$m = 8{,}2$ t	

7. Antwortsatz: Um 10 t reine Schwefelsäure herzustellen, sind 8,2 t Schwefeltrioxid notwendig.

3.4 – $Mg(OH)_2 + 2\,HCl \longrightarrow MgCl_2 + 2\,H_2O$

– Diese chemische Reaktion ist eine **Neutralisation**.

– Bei einer Neutralisation reagieren Wasserstoff-Ionen und Hydroxid-Ionen zu Wassermolekülen.

alternativ:
Bei einer Neutralisation reagieren eine saure Lösung und eine basische Lösung zu einer neutralen Lösung.

– *Beachten Sie, dass der Steckbrief für Salzsäure und nicht für das Gas Chlorwasserstoff gefordert ist (vgl. Tafelwerk). Sie können auch Angaben verwenden, die nicht im Text vorkommen.*

Steckbrief Salzsäure

wissenschaftlicher Name:	Chlorwasserstoffsäure
Vorkommen im Körper:	Magensaft
Eigenschaften:	• farblos • flüssig • ätzend
Wirkung auf Bakterien:	tödlich

weitere mögliche Angaben wären z. B.: baut Eiweiße ab, führt zu Sodbrennen, Salze heißen Chloride, Formel: HCl

BE

4.1 **Experiment**
In mit A, B und C gekennzeichneten Gefäßen befinden sich destilliertes Wasser, Eiweißlösung und Silbernitratlösung.

- Teilen Sie die Stoffproben und führen Sie die folgenden Experimente durch.
  a) Versetzen Sie die Stoffproben mit Natriumchloridlösung.
  b) Geben Sie zu den Stoffproben 10 Tropfen Alkohol.
- Notieren Sie Ihre Beobachtungen für die Experimente in einer geeigneten Tabelle.
- Werten Sie Ihre Beobachtungen aus.
- Ordnen Sie die Lösungen den Gefäßen A, B und C zu. 10

4.2 Es gibt Millionen verschiedene Eiweiße, die alle nach dem gleichen Prinzip aufgebaut sind.

- Notieren Sie zwei Nahrungsmittel mit besonders hohem Eiweißgehalt.
- Geben Sie an, aus welchen Grundbausteinen Eiweiße aufgebaut sind.
- Erläutern Sie an einem Beispiel, dass die Zerstörung von Eiweißstrukturen (Denaturierung) positive oder negative Folgen haben kann. 4

4.3 Die Stoffgruppe der Ester gewinnt immer mehr an Bedeutung.
Lesen Sie den Text „Ester" und bearbeiten Sie folgende Aufgaben:

Ester

Heutzutage soll alles hygienisch sauber und wohlriechend sein. Allerdings stehen uns so viele Früchte und Kräuter, die wir für die Herstellung der meisten „guten Düfte" brauchen, nicht mehr aus der Natur zur Verfügung. Auf vielen Verpackungen von Lebensmitteln befinden sich Angaben zu naturidentischen oder künstlichen Aromastoffen. Diese, im Labor synthetisch hergestellten Stoffe, gehören zur Stoffgruppe der Ester. Ester sind Bestandteile von Aromastoffen und werden durch die chemische Reaktion einer Säure und eines Alkohols (z. B. Ethanol) gebildet. Als Nebenprodukt entsteht Wasser.
Ethansäureethylester (Ethansäureethanolester) ist eine farblose, in Wasser mäßig lösliche Flüssigkeit mit einem fruchtigen Geruch. Dieser Ester wird z. B. zur Aromatisierung von Limonaden, Bonbons und Arzneimitteln verwendet.
In sehr geringen Mengen kommt Ethansäureethylester auch im Wein vor, besonders wenn die Trauben durch Hagel oder Fäulnis geschädigt wurden. Der Wein hat dann einen leichten Lösungsmittelgeschmack.

- Stellen Sie die Wortgleichung für die Bildung von Ethansäureethylester auf.
- Notieren Sie die Formel der Ethansäure und des Ethanols.
- Kennzeichnen Sie in der Formel von Ethanol die Hydroxylgruppe.
- Geben Sie zwei gemeinsame und zwei unterschiedliche Eigenschaften von Ethanol und von Ethansäureethylester an. 7

4.4 Ein organischer Stoff, der als Brenngas zum autogenen Schweißen eingesetzt wird, ist Ethin (Acetylen). Dieses Gas wird in 20 Liter, 40 Liter bzw. 50 Liter Fassungsvermögen in gelb gekennzeichneten Stahlflaschen aufbewahrt.

- Berechnen Sie das Volumen an Sauerstoff, das benötigt wird, um 20 Liter Acetylen vollständig zu verbrennen.

$2\,C_2H_2 + 5\,O_2 \longrightarrow 4\,CO_2 + 2\,H_2O$ 4

25

Lösungen

4.1 – **Experiment**

- **Beobachtungen:**

Erfassen Sie die Beobachtungen in einer geeigneten Tabelle.

Stoffprobe	A	B	C
a) Versetzen mit Natriumchlorid-Lösung	klare Lösung	klare Lösung	weißer Niederschlag
b) Versetzen mit Alkohol	zunächst Schlieren, später klare Lösung	weiße Trübung	klare Lösung

- **Auswertung:** Die Chlorid-Ionen der Natriumchlorid-Lösung sind geeignet, Silber-Ionen nachzuweisen. Bei der Reaktion entsteht ein weißer Niederschlag. Dieser trat nur bei der Stoffprobe C auf.
Alkohol wirkt auf Eiweiße denaturierend, was zur Ausflockung des Eiweißes führt. Das konnte eindeutig bei der Stoffprobe B beobachtet werden. Stoffprobe A zeigte keinerlei chemische Reaktionen.
- **Zuordnung:** A – destilliertes Wasser
B – Eiweiß-Lösung
C – Silbernitrat-Lösung

4.2 – z. B.: Fisch, Eigelb

alternativ:
Fleisch, Hülsenfrüchte, Eiklar usw.

- Aminosäuren
- *Beachten Sie den Operator „Erläutern". Sie können entscheiden, ob Sie positive oder negative Folgen der Denaturierung darstellen möchten.*

Eiweiße können durch Alkohol denaturiert werden. Durch alkoholhaltige Desinfektionsmittel können somit Mikroorganismen, wie z. B. Krankheitserreger, abgetötet werden.

alternativ:
Eiweiße können durch Alkohol denaturiert werden. Durch Alkoholmissbrauch werden daher Gehirnzellen abgetötet.

alternativ:
Durch Hitze werden Eiweißstrukturen zerstört. Das wird bei der Zubereitung verschiedener Nahrungsmittel ausgenutzt, um Geschmack oder Haltbarkeit zu verbessern.

alternativ:
Durch Hitze werden Eiweißstrukturen zerstört. Dadurch kann hohes Fieber lebensbedrohlich sein.

4.3 – *Die Wortgleichung ist ausreichend. Eine Reaktionsgleichung in Formelschreibweise ist nicht gefordert.*

Ethansäure + Ethanol ⟶ Ethansäureethylester + Wasser

– Ethansäure: CH_3COOH
Ethanol: C_2H_5OH

– C_2H_5 OH

– gemeinsame Eigenschaften: farblos, flüssig

unterschiedliche Eigenschaften: Ethanol – gut mit Wasser mischbar
Ethansäureethylester – mäßig in Wasser löslich

Ethanol – charakteristischer Geruch
Ethansäureethylester – fruchtiger Geruch

4.4 *Im Text ist das Volumen des Acetylens gegeben, die Reaktionsgleichung enthält die Stoffmengen von Acetylen und Sauerstoff.*

Berechnung:

Reaktionsgleichung:

$$2\,C_2H_2 + 5\,O_2 \longrightarrow 4\,CO_2 + 2\,H_2O$$

Gesucht: V_1 (Sauerstoff)

Gegeben: V_2 (Acetylen) = 20 L
$n_1 = 5$ mol
$n_2 = 2$ mol

Lösung:

$$\frac{V_1}{V_2} = \frac{n_1}{n_2}$$

$$\frac{V_1}{20\,\text{L}} = \frac{5\,\text{mol}}{2\,\text{mol}}$$

$$V_1 = 50\,\text{L}$$

Antwortsatz: Um 20 Liter Acetylen vollständig zu verbrennen, sind 50 Liter Sauerstoff notwendig.

Alternativer Rechenweg:

1. Textanalyse:	20 L		V	
	$2\ C_2H_2$	+	$5\ O_2$	$\longrightarrow$ $4\ CO_2 + 2\ H_2O$
2. Stoffmenge:	2 mol		5 mol	
3. molare Größe:	$22{,}4\ L \cdot mol^{-1}$		$22{,}4\ L \cdot mol^{-1}$	
4. Masse:	44,8 L		112 L	

5. Verhältnisgleichung: $\frac{20\ L}{44{,}8\ L} = \frac{V}{112\ L}$

6. Lösung und Ergebnis: $V = 50\ L$

7. Antwortsatz: Um 20 Liter Acetylen vollständig zu verbrennen, sind 50 Liter Sauerstoff notwendig.

Realschulabschluss 2014 Chemie (Sachsen)
Pflichtaufgabe 1: Stoffe – Teilchen – Chemische Reaktionen

BE

1.1 Ihnen werden folgende Experimente demonstriert:
a) Natriumchlorid wird auf elektrische Leitfähigkeit geprüft.
b) Natriumchloridlösung wird auf elektrische Leitfähigkeit geprüft.
c) Natriumchloridlösung wird mit einer farblosen Lösung versetzt.

– Notieren Sie Ihre Beobachtungen zu den Experimenten a), b) und c).
– Werten Sie Ihre Beobachtungen zu den Experimenten a) und b) aus. Gehen Sie dabei auch auf den Bau der Stoffe ein.
– Geben Sie Name und Formel der im Experiment c) verwendeten farblosen Lösung an.
– Entwickeln Sie für die im Experiment c) abgelaufene chemische Reaktion die Reaktionsgleichung in verkürzter Ionenschreibweise. 9

1.2 Das Periodensystem der Elemente ermöglicht Aussagen über den Atombau.
– Notieren Sie den Namen des chemischen Elementes, das im Periodensystem der Elemente in der VII. Hauptgruppe und in der 3. Periode steht.
– Begründen Sie anhand von drei Aussagen zum Atombau die Stellung dieses Elementes im Periodensystem der Elemente.
– Vergleichen Sie den Bau des Atoms und des Ions dieses chemischen Elementes. Geben Sie zwei Gemeinsamkeiten und zwei Unterschiede an. 8

1.3 Elemente können Ausgangsstoffe für die Bildung chemischer Verbindungen sein.
– Entwickeln Sie die Wortgleichung für die Bildung von Magnesiumoxid aus den Elementen.
– Erläutern Sie zwei Merkmale chemischer Reaktionen an diesem Beispiel. 5

1.4 Als man im 18. Jahrhundert bei der Untersuchung von Verbrennungen erstmals eine Waage verwendete, entdeckte der Wissenschaftler Lomonossow 1748 „Das Gesetz von der Erhaltung der Masse".
– Entscheiden Sie, welche der folgenden Aussagen falsch ist.
– Berichtigen Sie diese.
a) Bei der Oxidation von Kupfer in einem abgeschlossenen System ist die Masse von Sauerstoff und Kupfer gleich der Masse von Kupfer(II)-oxid.
b) Bei der Oxidation von Kupfer in einem abgeschlossenen System ist die Masse von Sauerstoff größer als die Masse von Kupfer(II)-oxid.
c) Bei der Oxidation von Kupfer in einem abgeschlossenen System ist die Masse von Kupfer kleiner als die Masse von Kupfer(II)-oxid.
– Formulieren Sie dieses Gesetz. 3

25

Lösungen

1.1 *Es ist davon auszugehen, dass das Demonstrationsexperiment in folgender Weise vorgeführt wurde:*

a) Ein Natriumchlorid-Kristall wird auf elektrische Leitfähigkeit geprüft.
b) Eine Natriumchlorid-Lösung wird auf elektrische Leitfähigkeit geprüft.
c) Eine Natriumchlorid-Lösung wird mit einigen Tropfen einer farblosen Lösung versetzt.

Zur Prüfung der elektrischen Leitfähigkeit werden der Natriumchlorid-Kristall und die Natriumchlorid-Lösung jeweils in einen Stromkreis mit einer Glühlampe eingebunden.

- **Beobachtungen:**
  a) Die Lampe leuchtet nicht.
  b) Die Lampe leuchtet.
  c) Es entsteht ein weißer Niederschlag.
- Festes Natriumchlorid leitet den elektrischen Strom nicht, weil die Ionen nicht frei beweglich sind. Die Natriumchlorid-Lösung leitet den elektrischen Strom, weil die Ionen hier frei beweglich sind.
- Die im Experiment c) verwendete Lösung ist **Silbernitrat-Lösung**. Silbernitrat hat die Formel **$AgNO_3$**.
- $Ag^+ + Cl^- \longrightarrow AgCl$

1.2 – In der VII. Hauptgruppe und der 3. Periode des Periodensystems der Elemente steht das Element **Chlor**.

- *Beachten Sie, dass Sie vom Bau des Atoms auf die Stellung im Periodensystem der Elemente schlussfolgern müssen, nicht umgekehrt.*

  Weil das Chloratom 17 Protonen aufweist, hat das Element die Ordnungszahl 17. Weil das Chloratom über 7 Außenelektronen verfügt, steht das Element in der VII. Hauptgruppe. Weil das Chloratom 3 besetzte Elektronenschalen hat, steht das Element in der 3. Periode.

- *Führen Sie klar getrennt zwei Gemeinsamkeiten und zwei Unterschiede am konkreten Beispiel auf. Das ist z. B. in einer Tabelle möglich:*

Teilchen	Chloratom	Chlorid-Ion
Gemeinsamkeiten	17 Protonen 3 besetzte Elektronenschalen	
Unterschiede	17 Elektronen 7 Außenelektronen	18 Elektronen 8 Außenelektronen

1.3 – Wortgleichung: Magnesium + Sauerstoff $\longrightarrow$ Magnesiumoxid

- *Wählen Sie zwei Merkmale der chemischen Reaktion aus und erläutern Sie diese.*

  1. Merkmal: Stoffveränderung
  Ein silbrig glänzendes Metall und ein farbloses Gas reagieren zu einem weißen Pulver.

  2. Merkmal: Energieumwandlung
  Ein Teil der chemischen Energie der Ausgangsstoffe wird in Wärmeenergie und Lichtenergie umgewandelt.

alternativ:
Merkmal: Teilchenänderungen
Aus Magnesium-Atomen und Sauerstoff-Molekülen entstehen Magnesium-Ionen und Oxid-Ionen.

Merkmal: Änderung der chemischen Bindung
Im Magnesium liegt Metallbindung vor, im Sauerstoff Atombindung, im Magnesiumoxid Ionenbindung.

1.4 – Die Aussage **b** ist falsch.
– **Berichtigung:** Bei der Oxidation von Kupfer in einem abgeschlossenen System ist die Masse von Sauerstoff **kleiner** als die Masse von Kupfer(II)-oxid.
– **Gesetz:** Bei einer chemischen Reaktion in einem abgeschlossenen System ist die Summe der Massen aller Ausgansstoffe gleich der Summe der Massen aller Reaktionsprodukte.

Realschulabschluss 2014 Chemie (Sachsen)
Wahlaufgabe 2: Ethanol

BE

2.1 Ethanol wird umgangssprachlich auch als Alkohol bezeichnet und findet vielfältige Verwendung im Alltag.

- Ordnen Sie den Eigenschaften des Ethanols je eine Verwendungsmöglichkeit zu: bakterienabtötend, berauschend, brennbar, löst organische Stoffe.
- Geben Sie die Formel von Ethanol an.
- Kennzeichnen und benennen Sie das typische Strukturmerkmal an der Formel.
- Entwickeln Sie die Reaktionsgleichung für die Verbrennung von Ethanol. 9

2.2 **Experiment:**
Ethanol und Natriumhydroxid sind chemische Verbindungen, die in ihrem Bau scheinbar Ähnlichkeiten aufweisen. Nur eine der chemischen Verbindungen ist aus Ionen aufgebaut.
Weisen Sie experimentell nach, welche der beiden Lösungen A oder B Ionen enthält.

- Planen Sie Ihr experimentelles Vorgehen und legen Sie den Plan dem Lehrer vor.
- Führen Sie die Experimente durch.
- Notieren Sie Ihre Beobachtungen.
- Geben Sie an, in welchem der Gefäße A oder B Ionen enthalten sind.
- Ordnen Sie Ethanol dem Gefäß A oder B zu. Begründen Sie Ihre Zuordnung. 6

2.3 In alkoholischen Getränken enthaltenes Ethanol wird auf biochemischem Weg aus Glucose (Traubenzucker) hergestellt.

$$C_6H_{12}O_6 \longrightarrow 2\,C_2H_5OH + 2\,CO_2$$

- Berechnen Sie die Masse an Ethanol, die aus 7 kg Glucose entsteht.
- Geben Sie an, wie dieser biochemische Vorgang heißt.
- Notieren Sie eine Reaktionsbedingung für diesen Vorgang. 6

2.4 Eine Studie der Bundeszentrale für gesundheitliche Aufklärung (BZgA) untersuchte in Zusammenarbeit mit dem Bundesgesundheitsministerium und dem Verband privater Krankenversicherungen das Trinkverhalten von Jugendlichen zwischen dem 12. und dem 17. Lebensjahr.

Konsum von fünf oder mehr alkoholischen Getränken bei einer Gelegenheit		
Jahr	**Jungen**	**Mädchen**
2007	30,7 %	20,0 %
2008	23,0 %	17,7 %
2010	20,4 %	12,8 %
2011	19,6 %	10,5 %

Quelle: Bundeszentrale für gesundheitliche Aufklärung

- Stellen Sie die Werte aus der Übersicht in einem geeigneten Diagramm dar.
- Werten Sie Ihr Diagramm aus. 4

25

2.1 – *Achten Sie auf den logischen Zusammenhang zwischen den vorgegebenen Eigenschaften und einer möglichen Verwendung.*

bakterienabtötend: Desinfektionsmittel in der Medizin bei Impfungen
alternativ:
zum Haltbarmachen von Obst

berauschend: Konsumieren von alkoholischen Getränken, um „in Stimmung zu kommen“
alternativ:
im Altertum zum Betäuben bei medizinischen Eingriffen

brennbar: Heizstoff für Spiritusbrenner
alternativ:
Zusatz zu Vergaserkraftstoff

löst organische Stoffe: Zusatzstoff in Reinigungsmitteln
alternativ:
Herstellen von Essenzen in der Pharmazie

– *Es ist Ihnen überlassen, ob Sie die Summenformel oder eine Strukturformel aufschreiben. Nutzen Sie am besten die Angabe aus dem Tafelwerk.*

CH_3-CH_2-OH
alternativ:
C_2H_5OH

– CH_3-CH_2-OH (OH: Hydroxylgruppe)

– $C_2H_5OH + 3\,O_2 \longrightarrow 2\,CO_2 + 3\,H_2O$

2.2 – *Es gibt mehrere Möglichkeiten, Ionen nachzuweisen. Folgende Planungen wären denkbar:*

Plan: Sind Ionen in einer Lösung enthalten, dann leitet die Lösung den elektrischen Strom. Ich teste beide Lösungen im Stromkreis.
Alternative 1:
In der Natriumhydroxid-Lösung befinden sich Hydroxid-Ionen, diese färben Universalindikator-Lösung blau. Ich versetze beide Lösungen mit dem Indikator.
Alternative 2:
Ich weiß, dass Natriumhydroxid aus Ionen aufgebaut ist und Ethanol aus Molekülen. Ethanol brennt. Ich führe mit beiden Proben die Brennprobe durch.

– **Schülerexperiment** entsprechend der Planung

– **Beobachtungen:**
Lösung A: Die Lampe leuchtet.
Lösung B: Die Lampe leuchte nicht.

zu Alternative 1:
Beobachtungen:
Lösung A: Die Lösung färbt Universalindikator blau.
Lösung B: Die Lösung färbt Universalindikator nicht.

zu Alternative 2:
Beobachtungen:
Lösung A: Die Lösung lässt sich nicht entzünden.
Lösung B: Die Lösung lässt sich entzünden, sie brennt mit einer kaum sichtbaren Flamme.

– Im **Gefäß A** sind Ionen enthalten.
– *Bei der Begründung der Zuordnung nutzen Sie Ihre Überlegungen zur Planung des Experiments oder weitere Kenntnisse.*

Ethanol ist im **Gefäß B**, weil Ethanol den elektrischen Strom nicht leitet.

zu Alternative 1:
Ethanol ist im **Gefäß B**, weil Ethanol keine Hydroxid-Ionen enthält.

zu Alternative 2:
Ethanol ist im **Gefäß B**, weil Ethanol brennt.

weitere Alternative:
Ethanol ist im **Gefäß B**, weil hier der charakteristische Ethanolgeruch wahrnehmbar ist.

2.3 – *Im Text ist die Masse der Glucose gegeben, die Reaktionsgleichung enthält die Stoffmengen von Glucose und Ethanol, im Tafelwerk finden Sie die molaren Massen beider Stoffe.*

Berechnung:
Reaktionsgleichung:

$$C_6H_{12}O_6 \longrightarrow 2\,C_2H_5OH + 2\,CO_2$$

Gesucht: m_1 (Ethanol)
Gegeben: m_2 (Glucose) $= 7$ kg
$n_1 = 2$ mol $M_1 = 46\ g \cdot mol^{-1}$
$n_2 = 1$ mol $M_2 = 180\ g \cdot mol^{-1}$

Lösung:

$$\frac{m_1}{m_2} = \frac{n_1 \cdot M_1}{n_2 \cdot M_2}$$

$$\frac{m_1}{7\ kg} = \frac{2\ mol\ \ 46\ g\ mol^{-1}}{1\ mol \cdot 180\ g \cdot mol^{-1}}$$

$$m_1 = 3{,}58\ kg$$

Antwortsatz: Aus 7 kg Glucose entstehen 3,6 kg Ethanol.

<u>*Alternativer Rechenweg:*</u>

1. Textanalyse:	7 kg	m
	$C_6H_{12}O_6 \longrightarrow$	$2\,C_2H_5OH + 2\,CO_2$
2. Stoffmenge:	1 mol	2 mol
3. molare Größe:	$180\ g \cdot mol^{-1}$	$46\ g \cdot mol^{-1}$
4. Volumen/Masse:	180 g	92 g

5. Verhältnisgleichung: $\frac{7\text{ kg}}{180\text{ g}} = \frac{m}{92\text{ g}}$

6. Lösung und Ergebnis: $m = 3{,}58$ kg

7. **Antwortsatz:** Aus 7 kg Glucose entstehen 3,6 kg Ethanol.

- Dieser biochemische Vorgang heißt **alkoholische Gärung**.
- Bei dieser chemischen Reaktion sind Hefepilze als Katalysator notwendig.

2.4 – *Aus den Tabellenwerten müssen Sie ein Diagramm entwickeln. Verwenden Sie zur Darstellung Millimeterpapier. Als geeignete Diagrammformen bieten sich Säulendiagramm, Balkendiagramm und Streckendiagramm an.*

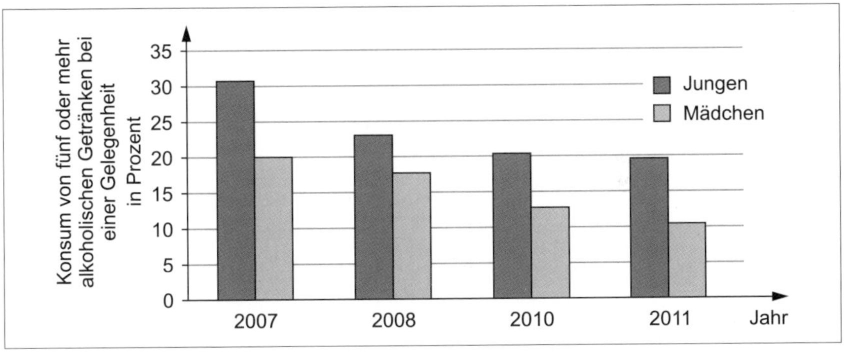

- *Es ist nicht festgelegt, wie viele Aussagen Sie formulieren sollen. Naheliegend ergibt sich:*

Auswertung: Jungen trinken häufiger als Mädchen fünf oder mehr alkoholische Getränke bei einer Gelegenheit. Insgesamt ist der Konsum bei Jungen und Mädchen rückläufig.

BE

3.1 Lesen Sie den Text aus der Leipziger Volkszeitung vom 31. 08. 2012 und bearbeiten Sie die nachstehenden Aufgaben.

Bohrungen bei Gottesberg in Sachsen belegen umfangreiche Zinnvorkommen

Zinn wird vor allem in der Wirtschaft als Lötmaterial verwendet. Die Elektronikbranche verlötet derzeit etwa 35 % der rund 300 000 Tonnen des jährlichen Weltverbrauchs. Den Zinnvorkommen werden durch Oxidationsröstung unerwünschte Stoffe wie Schwefel und Arsen entfernt. Mit Zinn werden zudem Weißbleche, Legierungen für Münzgeld und elektronische Bauteile, Chemikalien und Pigmente hergestellt. Zinn ist völlig ungiftig und ersetzt oftmals das giftige Blei. Experten rechnen damit, dass der Zinnverbrauch allein aufgrund der Umstellung von Blei-Zinn-Lote auf bleifreie Lote mit hohem Zinnanteil in den kommenden Jahren um rund 10 % jährlich gesteigert wird.

Quelle: Leipziger Volkszeitung; Leipziger Verlags- und Druckereigesellschaft

- Entwickeln Sie die Reaktionsgleichung für die Oxidation von Schwefel.
- Erstellen Sie einen Steckbrief mit sechs Angaben zu Eigenschaften und Verwendung von Zinn.
- Stellen Sie den Zusammenhang zwischen Eigenschaften und Verwendung an einem Beispiel dar. 7

3.2 **Experiment:**
Metalle lassen sich in Edelmetalle und unedle Metalle unterteilen.
Sie erhalten drei Metalle in mit A, B und C gekennzeichneten Gefäßen.
Untersuchen Sie experimentell, welche der Metalle unedel sind.

- Planen Sie Ihr experimentelles Vorgehen und legen Sie den Plan dem Lehrer vor.
- Führen Sie das Experiment durch.
- Notieren Sie Ihre Beobachtungen.
- Ordnen Sie den entsprechenden Gefäßen die unedlen Metalle zu.
- Geben Sie zwei unedle Metalle an. 6

3.3 Farbanstriche sind eine wirksame Möglichkeit, unedle Metalle vor der Zerstörung durch Umwelteinflüsse (z. B. Korrosion) zu schützen.

- Geben Sie zwei weitere Maßnahmen zum Korrosionsschutz an.
- Erläutern Sie die Notwendigkeit des Korrosionsschutzes an einem Beispiel.
- Notieren Sie ein Metall, das nicht vor Korrosion geschützt werden muss. 4

3.4 Die Gewinnung von Aluminium aus Aluminiumerzen (z. B. Bauxit) erfolgt durch Schmelzflusselektrolyse, die sich durch folgende Reaktionsgleichung zusammenfassen lässt:

$$2\,Al_2O_3 + 3\,C \longrightarrow 4\,Al + 3\,CO_2$$

- Ordnen Sie diese chemische Reaktion der entsprechenden Reaktionsart zu.
- Begründen Sie Ihre Zuordnung am Beispiel.
- Geben Sie die Funktion des Kohlenstoffs in dieser chemischen Reaktion an.
- Berechnen Sie, welche Masse Aluminium aus 2,4 t Aluminiumoxid gewonnen werden kann. $\frac{8}{25}$

Lösungen

3.1 – $S + O_2 \longrightarrow SO_2$

alternativ:

$2\,S + 3\,O_2 \longrightarrow 2\,SO_3$

– *Beachten Sie die geforderte Form „Steckbrief". Sie können auch Werte aus dem Tafelwerk nutzen. Die Summe der Angaben muss 6 sein.*

Steckbrief Zinn

Eigenschaften:	Schmelztemperatur:	niedrig
	Wirkung auf den Organismus:	ungiftig
	Dichte:	$7{,}29\ g \cdot cm^{-3}$
Verwendung:	Weißbleche	
	Münzlegierungen	
	Lötmaterial	

– *Achten Sie auf den logischen Zusammenhang der ausgewählten Eigenschaft mit der Verwendung.*

Weil Zinn **ungiftig** ist, kann es für **Weißbleche bei Konservendosen** verwendet werden.

alternativ z. B.:

Weil Zinn eine **geringe Schmelztemperatur** hat, kann es als **Lötmaterial** genutzt werden.

3.2 – **Plan:** Unedle Metalle reagieren mit verdünnten Säure-Lösungen. Ich versetze die gegebenen Metalle z. B. mit verdünnter Chlorwasserstoffsäure. Wo ich eine chemische Reaktion beobachten kann, handelt es sich um ein unedles Metall.

– **Schülerexperiment** entsprechend der Planung

– **Beobachtungen:**
Stoffprobe A: keine Veränderung zu bemerken
Stoffprobe B: heftige Gasentwicklung, Erwärmung des Reagenzglases
Stoffprobe C: geringe Gasentwicklung an den Metallpartikeln

– In den Gefäßen **B** und **C** befinden sich unedle Metalle.

– **Unedle Metalle** sind Magnesium und Zink.

alternativ z. B.:

Eisen, Natrium, Calcium

3.3 – Als Maßnahmen zum Korrosionsschutz kann man unedle Metalle z. B. Einölen oder Verchromen.

alternativ z. B.:

Verzinken, Emaillieren

– Werden Zaunpfähle aus Stahl nicht vor Korrosion geschützt, rosten sie nach einiger Zeit durch und der Zaun wird instabil.

– Kupfer

alternativ z. B.:
Gold, Platin, Silber

3.4 – Reaktionsart: **Redoxreaktion**

– Redoxreaktion bedeutet, dass Oxidation und Reduktion gleichzeitig ablaufen und sich gegenseitig bedingen. Im vorliegenden Fall wird Aluminiumoxid reduziert und Kohlenstoff oxidiert.

– Kohlenstoff ist das **Reduktionsmittel**.

– *Im Text ist die Masse des Aluminiumoxids gegeben, die Reaktionsgleichung enthält die Stoffmengen von Aluminium und Aluminiumoxid, im Tafelwerk finden Sie die molaren Massen beider Stoffe.*

Berechnung:

Reaktionsgleichung:

$$2\,Al_2O_3 + 3\,C \longrightarrow 4\,Al + 3\,CO_2$$

Gesucht: m_1 (Aluminium)

Gegeben: m_2 (Aluminiumoxid) = 2,4 t

$n_1 = 4$ mol $\quad M_1 = 27\ g \cdot mol^{-1}$

$n_2 = 2$ mol $\quad M_2 = 102\ g \cdot mol^{-1}$

Lösung:

$$\frac{m_1}{m_2} = \frac{n_1 \cdot M_1}{n_2 \cdot M_2}$$

$$\frac{m_1}{2{,}4\ t} = \frac{4\ mol \cdot 27\ g \cdot mol^{-1}}{2\ mol \cdot 102\ g \cdot mol^{-1}}$$

$$m_1 = 1{,}3\ t$$

Antwortsatz: Aus 2,4 t Aluminiumoxid können 1,3 t Aluminium gewonnen werden.

Alternativer Rechenweg:

1. Textanalyse:	2,4 t	m
	$2\,Al_2O_3 + 3\,C \longrightarrow$	$4\,Al + 3\,CO_2$
2. Stoffmenge:	2 mol	4 mol
3. molare Größe:	$102\ g \cdot mol^{-1}$	$27\ g \cdot mol^{-1}$
4. Volumen/Masse:	204 g	108 g
5. Verhältnisgleichung:	$\frac{2{,}4\ t}{204\ g} = \frac{m}{108\ g}$	

6. Lösung und Ergebnis: $m = 1{,}3$ t

7. **Antwortsatz:** Aus 2,4 t Aluminiumoxid können 1,3 t Aluminium gewonnen werden.

BE

4.1 Kalkstein (Calciumcarbonat) ist ein Rohstoff für die technische Herstellung von Baustoffen, wie Kalk- und Zementmörtel. Der Kalkstein kann in Kalkschachtöfen gebrannt werden. Die für diese chemische Reaktion benötigte thermische Energie wird durch die Verbrennung von Koks erreicht.

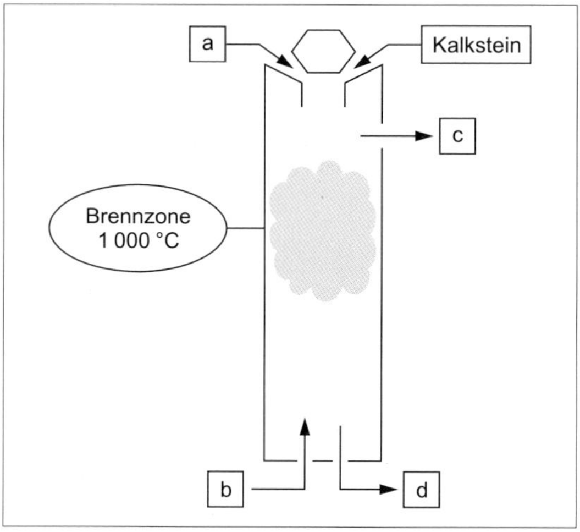

Abb.: Kalkschachtofen (schematisch)

- Benennen Sie die mit a bis d in der Abbildung gekennzeichneten Ausgangsstoffe und Reaktionsprodukte.
- Entwickeln Sie die Reaktionsgleichung für das Kalkbrennen.
- Entscheiden Sie, ob das Kalkbrennen eine exotherme oder endotherme Reaktion ist und begründen Sie Ihre Entscheidung.
- Notieren Sie eine weitere Verwendungsmöglichkeit von Kalkstein. 9

4.2 **Experiment:**
Um Kalkmörtel herzustellen, muss nach dem Kalkbrennen noch das Kalklöschen erfolgen.
Stellen sie aus dem vorliegenden Branntkalk (Calciumoxid) Löschkalk her und überprüfen Sie, ob der Löschkalk saure oder basische Eigenschaften aufweist.
- Planen Sie Ihr experimentelles Vorgehen und legen Sie den Plan dem Lehrer vor.
- Führen Sie das Experiment durch.
- Notieren Sie Ihre Beobachtung und schlussfolgern Sie, welche Eigenschaft Löschkalk aufweist.
- Begründen Sie eine Arbeitsschutzmaßnahme, die beim Herstellen von Kalkmörtel eingehalten werden muss. 7

4.3 In Kalksteingebirgen sind im Laufe von Jahrtausenden tiefe Schluchten, Spalten und oft auch Höhlen entstanden. Grund dafür ist der chemische Vorgang, der mit folgender Gleichung beschrieben werden kann:

$$CaO_3 + CO_2 + H_2O \longrightarrow Ca(HCO_3)_2$$

- Berechnen Sie das Volumen an Kohlenstoffdioxid, das mit 50 g Kalkstein (Calciumcarbonat) zu Calciumhydrogencarbonat reagiert. 4

4.4 Beim Erhitzen von Wasser bildet sich Calciumcarbonat, welches sich als Kesselstein z. B. an Wasserarmaturen oder in Wasserkochern absetzt.

- Erläutern Sie zwei mögliche negative Auswirkungen des Kesselsteins bei weiterem Gebrauch dieser technischen Geräte im Haushalt.
- Notieren Sie einen Stoff, der im Haushalt zur Entfernung des Kesselsteins eingesetzt werden kann. 5

25

Lösungen

4.1 – *Es ist ausreichend, wenn Sie die technischen Bezeichnungen oder die chemischen Namen der Stoffe angeben.*

a Koks (Kohlenstoff) b Luft
c Kohlenstoffdioxid d Branntkalk (Calciumoxid)

– $CaCO_3 \longrightarrow CaO + CO_2$

– Das Kalkbrennen ist eine **endotherme Reaktion**.
Im Text wird erwähnt, dass für diese chemische Reaktion thermische Energie benötigt wird. Solche chemischen Reaktionen werden als endotherm bezeichnet.

– Kalkstein wird z. B. für die **Herstellung von Düngemitteln** verwendet.

4.2 – **Plan:** Die Stoffprobe von Calciumoxid vermische ich im Becherglas mit Wasser. Dadurch entsteht Löschkalk. Anschließend tropfe ich Universalindikator-Lösung zu.

– **Schülerexperiment** entsprechend der Planung

– **Beobachtungen:** Zunächst entsteht eine grau-weiße Aufschlämmung. Nach kurzer Zeit setzt sich ein weißer Stoff ab und die Flüssigkeit wird etwas klarer.
Beim Zutropfen von Universalindikator-Lösung verfärbt sich die Flüssigkeit blau. Da die Lösung blau wird, reagiert Löschkalk basisch.

– Es sollte eine Schutzbrille getragen werden, da Kalkmörtel ätzend wirkt.

4.3 – *Im Text ist die Masse des Calciumcarbonats gegeben, die Reaktionsgleichung enthält die Stoffmengen von Kohlenstoffdioxid und Calciumcarbonat. Im Tafelwerk findet man die molare Masse von Calciumcarbonat. Das molare Volumen aller Gase beträgt 22,4 L · mol⁻¹.*

Berechnung:

Reaktionsgleichung:

$CaCO_3 + CO_2 + H_2O \longrightarrow Ca(HCO_3)_2$

Gesucht: V_1 (Kohlenstoffdioxid)

Gegeben: m_2 (Calciumcarbonat) = 50 g

$n_1 = 1\ \text{mol} \qquad V_1 = 22{,}4\ \text{L} \cdot \text{mol}^{-1}$

$n_2 = 1\ \text{mol} \qquad M_2 = 100\ \text{g} \cdot \text{mol}^{-1}$

Lösung:

$$\frac{V_1}{m_2} = \frac{n_1 \cdot V_m}{n_2 \cdot M_2}$$

$$\frac{V_1}{50\ \text{g}} = \frac{1\ \text{mol} \cdot 22{,}4\ \text{L} \cdot \text{mol}^{-1}}{1\ \text{mol} \cdot 100\ \text{g} \cdot \text{mol}^{-1}}$$

$$V_1 = 11{,}2\ \text{L}$$

Antwortsatz: Mit 50 g Kalkstein haben 11,2 Liter Kohlenstoffdioxid reagiert.

Alternativer Rechenweg:

1. Textanalyse:	50 g	V
	$CaCO_3$ +	$CO_2 + H_2O \longrightarrow Ca(HCO_3)_2$
2. Stoffmenge:	1 mol	1 mol
3. molare Größe:	$100\ g \cdot mol^{-1}$	$22{,}4\ L \cdot mol^{-1}$
4. Volumen/Masse:	100 g	22,4 L

5. Verhältnisgleichung: $\frac{50\ g}{100\ g} = \frac{V}{22{,}4\ L}$

6. Lösung und Ergebnis: $V = 11{,}2\ L$

7. **Antwortsatz:** Mit 50 g Kalkstein haben 11,2 Liter Kohlenstoffdioxid reagiert.

4.4 – Wenn sich viel Kesselstein gebildet hat, können die **Armaturen zugesetzt** werden und das Wasser läuft nicht mehr.
Durch starke Kesselsteinablagerungen wird die **Wärmeübertragung behindert**. Dadurch muss für die Erwärmung von Wasser in einem Wasserkocher mehr Energie aufgewendet werden.

– Essigsäure

alternativ:
Zitronensäure

Realschulabschluss 2015 Chemie (Sachsen)
Pflichtaufgabe 1: Stoffe – Teilchen – Chemische Reaktionen

BE

1.1 Ihnen werden folgende Experimente demonstriert:
In drei mit A, B und C gekennzeichneten Gefäßen befinden sich Traubenzucker, Natriumchlorid und Natriumsulfat. Die Stoffproben werden nacheinander auf
a) Löslichkeit in Wasser
b) elektrische Leitfähigkeit der Lösung
c) die Reaktion mit Bariumchloridlösung geprüft.
- Notieren Sie Ihre Beobachtungen. Fertigen Sie dazu eine geeignete Tabelle an.
- Entscheiden und begründen Sie anhand Ihrer Beobachtungen, welcher der Stoffe zu den Molekülsubstanzen gehört.
- Ordnen Sie die Stoffproben den Reagenzgläsern A, B und C zu.
- Entwickeln Sie die Reaktionsgleichung in verkürzter Ionenschreibweise für den mit Bariumchloridlösung durchgeführten Nachweis. 10

1.2 Auch Sauerstoff gehört zu den Molekülsubstanzen.
- Notieren Sie die Art der chemischen Bindung im Sauerstoffmolekül.
- Erläutern Sie das Wesen dieser Bindungsart.
- Geben Sie zwei weitere Beispiele für Stoffe an, die zu den Molekülsubstanzen gehören.
- Notieren Sie für einen dieser Stoffe sechs Angaben zu Eigenschaften und Verwendung. 7

1.3 Calciumoxid gehört zu den Ionensubstanzen.
- Geben Sie das jeweilige chemische Zeichen des Calcium-Ions und des Oxid-Ions an.
- Zeichnen und beschriften Sie das Schalenmodell eines Calcium-Ions **oder** des Oxid-Ions.
- Notieren Sie eine Gemeinsamkeit und zwei Unterschiede im Bau beider Ionen. 8

25

Lösungen

1.1 *Es ist davon auszugehen, dass das Demonstrationsexperiment in folgender Weise vorgeführt wurde: Aus den mit A, B und C gekennzeichneten Gefäßen werden jeweils Stoffproben entnommen und einzeln auf*
a) Löslichkeit in Wasser
b) elektrische Leitfähigkeit der Lösung
c) chemische Reaktion mit Bariumchloridlösung
geprüft.
Beachten Sie, dass Sie die Beobachtungen in einer Tabelle notieren sollen.

Stoff	**A**	**B**	**C**
a) Löslichkeit	klare Flüssigkeit	klare Flüssigkeit	klare Flüssigkeit
b) elektrische Leitfähigkeit	Die Lampe leuchtet.	Die Lampe leuchtet nicht.	Die Lampe leuchtet.
c) Reaktion mit Bariumchloridlösung	weißer Niederschlag	klare Flüssigkeit	klare Flüssigkeit

- Der Stoff B gehört zu den Molekülsubstanzen, weil Molekülsubstanzen den elektrischen Strom nicht leiten.
- Stoff A ist Natriumsulfat, Stoff B Traubenzucker und Stoff C Kochsalz.
- $Ba^{2+} + SO_4^{2-} \longrightarrow BaSO_4\downarrow$

1.2 – Im Sauerstoffmolekül liegt eine **Atombindung** vor.
- Bei der Atombindung werden zwischen Atomen gemeinsame Elektronenpaare ausgebildet und es entstehen Moleküle.
- *Sie können zwei Beispiele frei auswählen.*

  z. B: Wasserstoff, Wasser, Stickstoff, Schwefel, Traubenzucker, Methan, Ethan, …
- *Wählen Sie wiederum aus den von Ihnen genannten Stoffen einen aus und notieren Sie insgesamt 6 Angaben zu Eigenschaften und Verwendung:*

  z. B.: **Wasser**
  Eigenschaften: farblos, flüssig, geruchlos,
  Verwendung: Reinigungsmittel, Lösungsmittel, Trinkwasser,

  oder **Traubenzucker**
  Eigenschaften: fest, weiß, gut in Wasser löslich, geringe Schmelztemperatur
  Verwendung: Energielieferant für Körperzellen, alkoholische Gärung

1.3 – Ca^{2+} und O^{2-}
- *Beachten Sie, dass das Schalenmodell nur eines Ions zu zeichnen und zu beschriften ist. Sie können zwischen dem Calcium- und dem Oxid-Ion auswählen.*

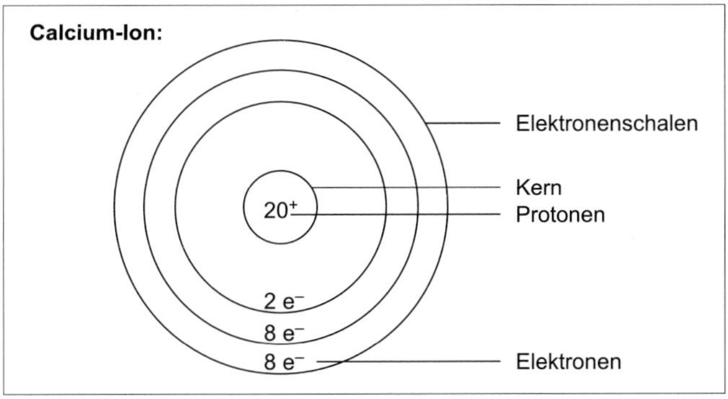

alternativ:

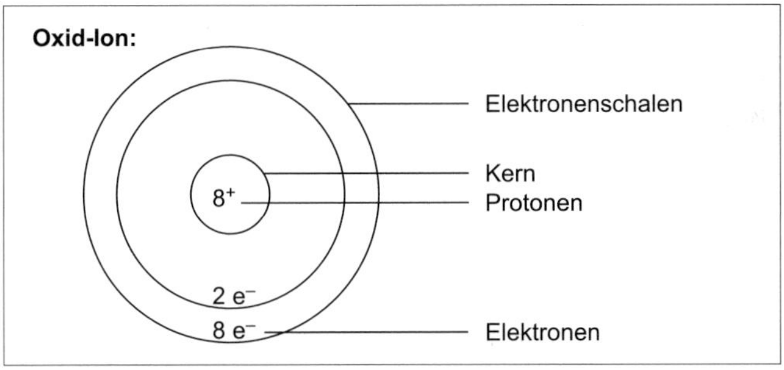

- **Gemeinsamkeit:** Beide Ionen haben 8 Außenelektronen.

  alternativ:
  eine stabile äußere Schale, eine vollbesetzte erste und zweite Schale.

  Unterschiede: Das Calcium-Ion hat 20 Protonen, das Oxid-Ion hat nur 8 Protonen im Kern. Das Calcium-Ion hat drei besetzte Elektronenschalen, das Oxid-Ion nur zwei.

  alternativ:
  Das Calcium-Ion hat 18 Elektronen, das Oxid-Ion nur 10.

Beachten Sie, dass die Ladungsangaben: „Das Calcium-Ion ist zweifach positiv geladen und das Oxid-Ion ist zweifach negativ geladen" keine Aussagen zum Bau der Ionen sind.

BE

2.1 **Experiment:**
Der Kaufmann Theodor Beltle stellte erstmals im Jahre 1925 Brausepulver industriell her. Brausepulver ist ein Stoffgemisch, das hauptsächlich aus Natron (Natriumhydrogencarbonat), Citronensäure und Dextrose (Gemisch aus Glucose und Stärke) besteht.

Sie erhalten handelsübliches Brausepulver.
Überprüfen Sie die Zutatenliste, indem Sie zwei Inhaltsstoffe experimentell nachweisen:

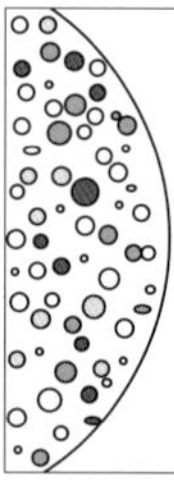

Zutaten:
Zucker, Maltodextrin, Säuerungsmittel: Citronensäure, Natriumhydrogencarbonat, Trennmittel: Mono- und Diglyceride von Speisefettsäuren, Glukosesirup, Stärke, Aroma, Farbstoff: E 160a

Trocken aufbewahren!

- Planen Sie Ihr experimentelles Vorgehen und legen Sie den Plan dem Lehrer vor.
- Führen Sie die Experimente durch.
- Notieren Sie Ihre Beobachtungen.
- Werten Sie Ihre Beobachtungen aus. 8

2.2 In unseren Nahrungsmitteln sind oft Zusatzstoffe enthalten.
- Bilden Sie mithilfe der folgenden Begriffe Begriffspaare:
Sorbit (E 420), Geschmacksverstärker, Farbstoff, Glutamat (E 621), Chlorophyll (E 140), Süßstoff 2

2.3 Eine wichtige Nährstoffgruppe sind die Eiweiße.
- Geben Sie die Grundbausteine der Eiweiße an.
- Entscheiden und begründen Sie, welche der abgebildeten Strukturformeln einen Grundbaustein darstellt.

a)
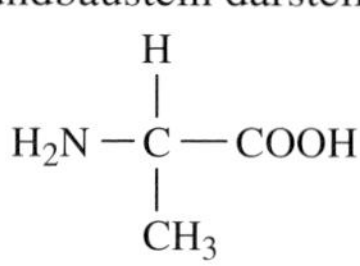

b)
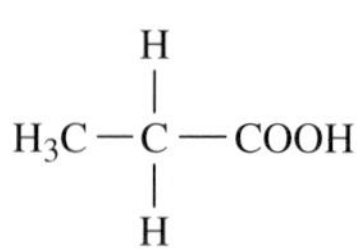

- Notieren Sie zwei Einflussfaktoren, die zur Veränderung der empfindlichen Eiweißstrukturen (z. B. Denaturierung) führen. 4

2.4 Kohlenhydrate sind wichtige Inhaltsstoffe in unserer Nahrung. Glucose entsteht bei der Fotosynthese.

- Berechnen Sie das Volumen an Kohlenstoffdioxid, das eine Pflanze benötigt, um 150 g Glucose zu synthetisieren.

$6\,CO_2 + 6\,H_2O \longrightarrow C_6H_{12}O_6 + 6\,O_2$ 4

2.5 Eine ausgewogene Ernährung ist Voraussetzung für ein gesundes Leben. Oft werden Fette in ihrer Bedeutung für die Ernährung sehr einseitig betrachtet.
Lesen Sie den Text „Fette“ und bearbeiten Sie die nachfolgenden Aufgaben.

Fette

Fette sind die energiereichsten Nährstoffe. 250 Gramm Butter enthalten etwa so viel Energie wie 500 Gramm Nudeln. Fette sind aber auch Geschmacksträger, ohne die manches Essen nicht recht schmeckt. Energie, die der menschliche Körper nicht verbraucht, wird in Form von Fett gespeichert. Wer zu viel Fett speichert, wird übergewichtig. Fette stellen für den menschlichen Körper aber nicht nur ein Energiedepot dar, sie isolieren auch gegen Wärmeverlust. Fettgewebe schützt empfindliche Organe wie Augen, Herz und Nieren vor Erschütterungen. Die fettlöslichen Vitamine A, D, E und K können nur zusammen mit Fett ins Blut aufgenommen werden.

Einige Fette liefern essentielle Fettsäuren, die der menschliche Körper nicht selbst herstellen kann. sie werden dür denAufbauder Zellen gebraucht. Viele dieser essentiellen Fettsäuren sind ungesättigt und in pflanzlichen Ölen sowie in Fischen wie Hering und Makrele enthalten.

- Begründen Sie anhand von zwei im Text enthaltenen Beispielen, warum die Fette zu einer ausgewogenen Ernährung gehören.
- Geben Sie den Unterschied im Bau von gesättigten und ungesättigten Fettsäuren an.
- Beschreiben Sie den Nachweis ungesättigter Fettsäuren.
- Notieren Sie einen weiteren Grundbaustein der Fette.
- Geben Sie die chemischen Elemente an, aus denen Fette aufgebaut sind. 7

25

Lösungen

2.1 – *Wählen Sie aus den gegebenen Inhaltsstoffen zwei aus, für die Sie den Nachweis kennen. Am geeignetsten wären Zucker, Citronensäure, Stärke, in Betracht könnten auch Natriumhydrogencarbonat und Speisefettsäuren kommen.*

Plan: Ich muss **zwei** Experimente durchführen.
(1) Zuerst werde ich mit Fehlingscher Lösung überprüfen, ob ein **Zucker** enthalten ist. Beim Erhitzen müsste sich dann ein ziegelroter Niederschlag zeigen.
(2) Die **Stärke** kann ich mit Iod-Kaliumiodid-Lösung (Lugolscher Lösung) nachweisen, hier müsste eine dunkelblaue Färbung auftreten.

alternativ:
(3) Wenn **Citronensäure** enthalten ist, müsste die Lösung mit Universalindikator eine rote Färbung zeigen.
(4) Durch eine saure Lösung, z. B. verdünnte Chlorwasserstoffsäure, würde das **Carbonat** zersetzt. Dabei tritt eine Gasentwicklung ein.
(5) Sollten **ungesättigte Fettsäuren** im Brausepulver vorhanden sein, müsste eine braune Bromlösung entfärbt werden.

– *Führen Sie die geplanten Experimente durch. Beachten Sie dabei den Arbeitsschutz.*

– **Beobachtungen:**
(1) Das Gemisch aus Fehlingscher Lösung I und II ist tiefblau und klar. Versetzt man die Brausepulver-Lösung damit und erwärmt das Gemisch vorsichtig, dann entsteht nach kurzer Zeit ein **ziegelroter Niederschlag**.
(2) Beim Zutropfen von Iod-Kaliumiodid-Lösung färbt sich das Brausepulver **dunkelblau** bis schwarz.

alternativ:
(3) Universalindikatorlösung wird durch das Brausepulver **rot** gefärbt.
(4) Gibt man verdünnte Chlorwasserstoffsäure zum Stoffgemisch, tritt eine heftige **Gasentwicklung** ein.
(5) Braune Bromlösung wird **nicht entfärbt**.

– **Auswertung:**
(1) Im Brausepulver ist Zucker (Glucose) enthalten.
(2) Im Brausepulver ist Stärke enthalten.

alternativ:
(3) Im Brausepulver ist Citronensäure enthalten.
(4) Im Brausepulver ist Natriumhydrogencarbonat enthalten.
(5) Im Brausepulver sind keine ungesättigten Fettsäuren enthalten.

2.2 –

Sorbit (E 420) ist ein:	Süßstoff
Glutamat (E 621) ist ein:	Geschmacksverstärker
Chlorophyll ist ein:	Farbstoff

2.3 – Grundbausteine der Eiweiße sind **Aminosäuren**.

– Die Strukturformel a) stellt eine Aminosäure dar, weil eine Aminogruppe $-NH_2$ und eine Carboxylgruppe $-COOH$ vorhanden sind.

– Eiweiße können durch **Hitze** und **Säuren** denaturiert werden.

alternativ:
starke mechanische Bewegung (Schlagen), Alkohol, Schwermetallsalze, Formalin

2.4 *Im Text ist die Masse der Glucose gegeben. Ddie Reaktionsgleichung enthält die Stoffmengen von Glucose sowie von Kohlenstoffdioxid und im Tafelwerk findet man die molare Masse der Glucose. Das molare Volumen der Gase beträgt bei Standardbedingungen immer 22,4 L · mol⁻¹.*

– **Berechnung:**
Reaktionsgleichung: $6\,CO_2 + 6\,H_2O \longrightarrow C_6H_{12}O_6 + 6\,O_2$

Gesucht: V_1 (Kohlenstoffdioxid)

Gegeben: m_2 (Glucose) = 150 g
$n_1 = 6$ mol $V_m = 22{,}4\ L \cdot mol^{-1}$
$n_2 = 1$ mol $M_2 = 180\ g \cdot mol^{-1}$

Lösung: $$\frac{V_1}{m_2} = \frac{n_1 \cdot V_m}{n_2 \cdot M_2}$$

$$\frac{V_1}{150\ g} = \frac{6\ mol \cdot 22{,}4\ L \cdot mol^{-1}}{1\ mol \cdot 180\ g \cdot mol^{-1}}$$

$$V_1 = 112\ L$$

Antwortsatz: Um 150 g Glucose zu bilden, benötigt die Pflanze 112 Liter Kohlenstoffdioxid.

Alternativer Rechenweg:

1. Textanalyse:	V	150 g
	$6\,CO_2 + 6\,H_2O \longrightarrow$	$C_6H_{12}O_6 + 6\,O_2$
2. Stoffmengen n:	6 mol	1 mol
3. molare Größen:	$22{,}4\ L \cdot mol^{-1}$	$180\ g \cdot mol^{-1}$
4. Volumen/Masse:	134,4 L	180 g

5. Verhältnisgleichung: $\dfrac{V}{134{,}4\ L} = \dfrac{150\ g}{180\ g}$

6. Lösung und Ergebnis: $V = 112$ L

7. **Antwortsatz**: Um 150 g Glucose zu bilden, benötigt die Pflanze 112 Liter Kohlenstoffdioxid.

2.5 – *Im Text sind mehrere Beispiele angegeben, warum Fette zu einer ausgewogenen Ernährung gehören. Zwei Beispiele sind laut Aufgabenstellung gefordert.*

Fette sind die energiereichsten **Nährstoffe** und **Geschmacksträger**.

alternativ:
Fette isolieren gegen Wärmeverlust, schützen empfindliche Organe vor Erschütterungen und sind Lösungsmittel für die Vitamine A, D, E und K.

– In den gesättigten Fettsäuren sind die Kohlenstoffatome nur durch Einfachbindungen verbunden. In **ungesättigten Fettsäuren** treten auch **Mehrfachbindungen** zwischen den Kohlenstoffatomen auf.

- Versetzt man die gelb-braune Bromlösung mit ungesättigten Fettsäuren, so tritt eine **Entfärbung** auf.

  alternative Nachweismöglichkeit:
  Violette Kaliumpermanganat-Lösung wird entfärbt.
- Neben den Fettsäuren ist Glycerol (Glyzerin, Propantriol) ein zweiter Grundbaustein der Fette.
- Die Fette sind aus den chemischen Elementen Kohlenstoff (C), Wasserstoff (H) und Sauerstoff (O) aufgebaut.

Wahlaufgabe 3: Energieumwandlung bei chemischen Reaktionen

BE

3.1 **Experiment:**
Chemische Reaktionen sind durch einen Energieaustausch mit der Umgebung gekennzeichnet.

- Bestätigen Sie diese Aussage, indem Sie folgende Experimente durchführen:
  a) Versetzen Sie Magnesium mit Salzsäure.
  b) Mischen Sie Ammoniumchlorid und Ammoniumnitrat, rühren Sie das Gemisch kräftig um und geben sie wenige Tropfen Wasser hinzu.
- Ermitteln und notieren Sie die Temperaturen vor und nach der jeweiligen chemischen Reaktion im Reaktionsgefäß.
- Werten Sie die Beobachtungen aus.
- Ordnen Sie diese chemischen Reaktionen endothermen bzw. exothermen Reaktionen zu.
- Entwickeln Sie die Reaktionsgleichung für die im Experiment a) stattgefundene chemische Reaktion. 8

3.2 Der Energieaustausch (Kopplung exothermer und endothermer Reaktionen) bei chemischen Reaktionen ist die Grundlage für eine Vielzahl chemisch-technischer Verfahren.

- Geben Sie ein Beispiel für ein in der Industrie durchgeführtes chemisch-technisches Verfahren an und benennen Sie den genutzten Reaktionsapparat.
- Notieren Sie das dabei entstehende wirtschaftlich wichtige Reaktionsprodukt und erläutern Sie dessen Bedeutung.
- Begründen Sie die Notwendigkeit der Kopplung exothermer und endothermer Reaktionen während chemisch-technischer Verfahren. 7

3.3 Bei vielen chemisch-technischen Verfahren wird Methan zur Energiebereitstellung genutzt.

$$CH_4 + 2\,O_2 \longrightarrow CO_2 + 2\,H_2O$$

- Berechnen Sie die Masse von Wasser, die bei der Verbrennung von 25 000 Litern Methan entsteht. 4

3.4 In Campinggasflaschen, im Erdgas oder im Dieselkraftstoff sind Gemische aus Kohlenwasserstoffen enthalten.
Gegeben sind zwei Stoffgemische A und B, die sich wie folgt zusammensetzen:

Stoffgemisch A		**Stoffgemisch B**	
Stoff	**Siedetemperatur**	**Stoff**	**Siedetemperatur**
Pentan	+36 °C	Methan	−161 °C
Hexan	+69 °C	Ethan	−89 °C
Heptan	+98°C	Propan	−42 °C
Octan	+126 °C	Butan	−0,5 °C

– Geben Sie an, ob die Aussagen a) bis d) wahr bzw. falsch sind.
  a) Das Stoffgemisch A besitzt bei Zimmertemperatur einen gasförmigen Aggregatzustand.
  b) Im Stoffgemisch B erhöht sich die Siedetemperatur mit zunehmender Kettenlänge.
  c) Der angegebene Stoff mit vier Kohlenstoffatomen besitzt eine Siedetemperatur von −0,5 °C.
  d) In allen enthaltenen Stoffen sind die Teilchen durch Metallbindung verbunden.
– Berichtigen Sie die falschen Aussagen.
– Begründen Sie, weshalb die Verbrennung von Kohlenwasserstoffgemischen zur Energiegewinnung der Umwelt schadet. 6

25

Lösungen

3.1 – *Führen Sie die angegebenen Experimente durch. Beachten Sie, dass Sie jeweils die Temperatur vor dem Experiment messen müssen.*

– **Experiment a)** $T_1 = 20\,°C$ $T_2 = 50\,°C$

Experiment b) $T_1 = 20\,°C$ $T_2 = 12\,°C$

– Bei Experiment a) steigt die Temperatur an. Das bedeutet, dass ein Teil der chemischen Energie der Ausgangsstoffe in Wärmeenergie (thermische Energie) umgewandelt wurde.
Beim Experiment b) sinkt die Temperatur. Das bedeutet, dass Wärmenergie in chemische Energie umgewandelt wurde.

– Reaktion a) ist eine **exotherme** Reaktion, Reaktion b) eine **endotherme** Reaktion.

– $Mg + 2\,HCl \longrightarrow MgCl_2 + H_2$

3.2 – *Wählen Sie ein Ihnen bekanntes chemisch-technisches Verfahren aus. Es ist nicht ausdrücklich gefordert, dass dabei die Kopplung von exothermer und endothermer Reaktion auftreten muss.*

z. B.: Das Kalkbrennen wird im Kalkschachtofen durchgeführt.

alternativ:

1. Hochofenprozess im Hochofen,
2. aluminothermisches Schweißen in einem Schmelztiegel,
3. Ammoniaksynthese im Ammoniaksyntheseofen,
4. Kontaktverfahren im Kontaktofen,

– Beim Kalkbrennen entsteht Branntkalk (Calciumoxid), der zu **Löschkalk**, einem bedeutenden Baustoff und Düngemittel, weiter verarbeitet wird.

alternativ:

1. Im Hochofen entsteht u. a. Roheisen, das zur Stahlherstellung dient.
2. Beim aluminothermischen Schweißen entsteht flüssiges Eisen, das z. B. Schienenbrüche schließt.
3. Bei der Ammoniaksynthese entsteht primär Ammoniak, ein wesentlicher Ausgangsstoff zur Düngemittel- und Sprengstoffproduktion.
4. Beim Kontaktverfahren wird Schwefeldioxid zu Schwefeltrioxid umgewandelt. Daraus wird Schwefelsäure, ein grundlegender Stoff der chemischen Industrie, hergestellt.

– Die exotherme Reaktion liefert die Wärmemenge, damit die endotherme Reaktion überhaupt ablaufen kann.

3.3 *Im Text ist das Volumen des Methans gegeben. Die Reaktionsgleichung enthält die Stoffmengen von Methan sowie von Wasser und im Tafelwerk findet man die molare Masse von Wasser. Das molare Volumen der Gase beträgt bei Standardbedingungen immer 22,4* $L \cdot mol^{-1}$.

– **Berechnung:**
Reaktionsgleichung: $CH_4 + 2\,O_2 \longrightarrow CO_2 + 2\,H_2O$

Gesucht: m_1 (Wasser)

Gegeben: V_2 (Methan) = 25 000 L
$n_1 = 2$ mol — $M_1 = 18\ g \cdot mol^{-1}$
$n_2 = 1$ mol — $V_m = 22{,}4\ L \cdot mol^{-1}$

Lösung: $$\frac{m_1}{V_2} = \frac{n_1 \cdot M_1}{n_2 \cdot V_m}$$

$$\frac{m_1}{25000\ L} = \frac{2\ mol \cdot 18\ g \cdot mol^{-1}}{1\ mol \cdot 22{,}4\ L \cdot mol^{-1}}$$

$$m_1 = 40179\ g$$

Antwortsatz: Bei der Verbrennung von 25 000 Litern Methan entstehen rund 40,2 kg Wasser.

Alternativer Rechenweg:

1. Textanalyse:	25 000 L			m
	$CH_4 + 2\,O_2$	$\longrightarrow$	CO_2 +	$2\,H_2O$
2. Stoffmengen n:	1 mol			2 mol
3. molare Größen:	$22{,}4\ L \cdot mol^{-1}$			$18\ g \cdot mol^{-1}$
4. Volumen/Masse:	22,4 L			36 g

5. Verhältnisgleichung: $$\frac{25000\ L}{22{,}4\ L} = \frac{m}{36\ g}$$

6. Lösung und Ergebnis: $m = 40\,179$ g

7. **Antwortsatz**: Bei der Verbrennung von 25 000 Litern Methan entstehen rund 40,2 kg Wasser.

3.4 – Aussage a) ist falsch, b) ist wahr, c) ebenfalls wahr und d) ist falsch.

a) Das Stoffgemisch A ist bei Zimmertemperatur nicht gasförmig, sondern **flüssig**.
d) In allen Stoffen liegt eine **Atombindung** und keine Metallbindung vor.

– *Beachten Sie den Operator „Begründen".*

Bei der Verbrennung von Kohlenwasserstoffen entsteht Kohlenstoffdioxid, welches ein Verursacher des **Treibhauseffektes** ist.

BE

4.1 Nur ein Fünftel der chemischen Elemente gehört zu den Nichtmetallen.

Kupfer, Schwefel, Kohlenstoff, Quecksilber, Natrium, Stickstoff

- Geben Sie an, welche der gegebenen Elemente zu den Nichtmetallen gehören.
- Begründen Sie mithilfe von zwei Eigenschaften für einen ausgewählten Stoff Ihre Zuordnung zu den Nichtmetallen. 3

4.2 **Experiment:**
Erhitzen Sie vorsichtig ein Gemisch aus 3 mL Wasser und ca. 1 g „Hoffmanns Vanish Oxi" bis zum Sieden. Überprüfen Sie, ob dabei Sauerstoff entsteht.
- Planen Sie die Durchführung des Sauerstoffnachweises und legen Sie diesen Plan dem Lehrer vor.
- Führen Sie das Experiment durch.
- Notieren Sie Ihre Beobachtungen.
- Geben Sie die zum Nachweis genutzte Eigenschaft an. 7

4.3 Lesen Sie den Text „Chlor – ein Nichtmetall" und bearbeiten Sie die nachstehenden Aufgaben.

Chlor – ein Nichtmetall

Chlor ist ein gelbgrünes, stechend riechendes Gas. Aufgrund der hohen Reaktivität kommt das Element Chlor nur in Verbindungen, meist in Form von Chloriden (z. B. in unserem Kochsalz) vor.

Elementares Chlor wurde im Ersten Weltkrieg als chemische Waffe eingesetzt. Der Einsatz am 22. April 1915 in der Nähe der Stadt Ypern in Flandern durch deutsche Truppen führte zu vielen Toten und zahlreichen, teilweise lebenslang geschädigten Soldaten. Das Chlorgas reizt sehr stark die Atemwege, Augen, Haut und Verdauungswege. Lungenschäden oder Herz-Kreislaufschäden können auch möglich sein. Chlor löst sich mäßig in Wasser, dieses Chlorwasser führt zu Reizungen und langwierigen Ekzemen. Größere Mengen Chlor lösen sich auch in organischen Lösungsmitteln wie Essigsäure oder Benzol.

Die hohe Reaktionsfreudigkeit und Wirkung von Chlor als Oxidationsmittel führen zum Einsatz als Bleichmittel, beispielsweise in der Papierindustrie. Nicht wegzudenken ist Chlor in der chemischen Industrie, wo es in Endprodukten wie z. B. PVC oder Salzsäure anzutreffen ist. Chlor ist ein preiswertes Desinfektionsmittel in Schwimmbädern oder für Trinkwasser.

- Stellen Sie in einer Tabelle vier der im Text genannten Eigenschaften von Chlor den Eigenschaften von Wasserstoff gegenüber.
- Geben Sie je eine Verwendungsmöglichkeit für Chlor und Wasserstoff an.
- Begründen Sie zwei Arbeitsschutzmaßnahmen, die im Umgang mit Chlor eingehalten werden müssen.

– Entwickeln Sie die Reaktionsgleichung für die chemische Reaktion von Wasserstoff mit Chlor. 11

4.4 Technisch wird Chlor fast ausschließlich durch verschiedene elektrochemische Verfahren hergestellt. Ausgangsstoff für die Chloralkalielektrolyse ist eine wässrige Natriumchloridlösung.

$$2\,NaCl + 2\,H_2O \longrightarrow 2\,NaOH + Cl_2 + H_2$$

– Berechnen Sie das Volumen an Chlor, das bei der Chloralkalielektrolyse von 3 kg Natriumchlorid hergestellt werden kann. 4

25

Lösungen

4.1 – **Nichtmetalle** sind Schwefel, Kohlenstoff und Stickstoff.

– z. B. **Schwefel** besitzt nicht die charakteristischen Eigenschaften der Metalle. So leitet Schwefel keinen elektrischen Strom und ist nicht biegbar.

alternativ:
Kohlenstoff besitzt nicht die charakteristischen Eigenschaften der Metalle. So leitet Kohlenstoff keine Wärme und ist nicht biegbar.
Stickstoff besitzt nicht die charakteristischen Eigenschaften der Metalle. So leitet Stickstoff keinen elektrischen Strom und ist gasförmig.

4.2 – **Plan** für den Sauerstoffnachweis: Ein Holzspan wird entzündet und die Flamme wieder ausgeblasen, so dass der Holzspan noch glüht. Wenn sich Sauerstoff im Reaktionsgefäß vorhanden ist, muss der Span über der siedenden Flüssigkeit heller glühen oder erneut aufflammen.

– *Führen Sie das Experiment durch. Hierbei kann jedoch durch die Angabe „Erhitzen Sie bis zum Sieden" auch Wasserdampf mit entstehen, der den Holzspan auslöscht. Bei zu geringem Erhitzen ist die Sauerstoffproduktion u. U. zu gering.*

– **Beobachtungen:** Es ist eine Gasentwicklung zu erkennen und der glühende Holzspan flammt wieder auf.

alternativ: Das Stoffgemisch siedet, es entstehen Gase, der Holzspan verlischt.

– **Auswertung:** Die Holzspanprobe war erfolgreich. Sauerstoff konnte nachgewiesen werden.

alternativ: Die Spanprobe verlief negativ. Sauerstoff konnte nicht in den aufsteigenden Gasen nachgewiesen werden.

– Sauerstoff fördert die **Verbrennung**.

4.3 – *Beachten Sie, dass die zu nennenden Eigenschaften von Chlor im Text vorkommen müssen und wählen Sie die Tabellenform. Vier Angaben sind ausreichend.*

Stoff	**Chlor**	**Wasserstoff**
Farbe	gelbgrün	farblos
Geruch	stechend	geruchlos
Aggregatzustand	gasförmig	gasförmig
Wirkung auf den Organismus	reizt die Atemwege	wirkungslos
Löslichkeit in Wasser	mäßig	unlöslich

– z. B. **Chlor** ist Ausgangsstoff für die Herstellung von PVC.
Wasserstoff findet bei der Ammoniaksynthese Verwendung.

alternativ:
Chlor: chemischer Kampfstoff, Oxidationsmittel, Bleichmittel, Desinfektionsmittel
Wasserstoff: Schweißgas, Antrieb für Kraftfahrzeuge und Raketen, Ballongas, Härtung von Fetten.

– *Beachten Sie, dass die Arbeitsschutzmaßnahmen zu begründen sind.*

Da Chlor die Atemwege stark reizt, muss ein **Atemschutz** getragen werden, um das Einatmen zu verhindern. **Schutzkleidung** verhindert den Hautkontakt und beugt Ekzemen vor.

– $H_2 + Cl_2 \longrightarrow 2\,HCl$

4.4 – *Im Text ist die Masse des Natriumchlorids gegeben. Die Reaktionsgleichung enthält die Stoffmengen von Natriumchlorid sowie von Chlor und im Tafelwerk findet man die molare Masse von Natriumchlorid. Das molare Volumen der Gase beträgt bei Standardbedingungen immer 22,4 L · mol*$^{-1}$.

– **Berechnung:**

Reaktionsgleichung: $2\,NaCl + 2\,H_2O \longrightarrow 2\,NaOH + Cl^- + H_2$

Gesucht: V_1 (Chlor)

Gegeben: m_2 (Natriumchlorid) = 3 kg

$n_1 = 1$ mol $V_m = 22{,}4\ L \cdot mol^{-1}$

$n_2 = 2$ mol $M_2 = 58{,}5\ g \cdot mol^{-1}$

Lösung:

$$\frac{V_1}{m_2} = \frac{n_1 \cdot V_m}{n_2 \cdot M_2}$$

$$\frac{V_1}{3\ kg} = \frac{1\ mol \cdot 22{,}4\ L \cdot mol^{-1}}{2\ mol \cdot 58{,}5\ g \cdot mol^{-1}}$$

$$V_1 = \frac{1\ mol \cdot 22{,}4\ L \cdot mol^{-1} \cdot 3000\ g}{2\ mol \cdot 58{,}5\ g \cdot mol^{-1}}$$

$$= 574{,}4\ L$$

Antwortsatz: Durch die Chloralkalielektrolyse können aus 3 kg Natriumchlorid 574 Liter Chlor hergestellt werden.

Alternativer Rechenweg:

1. Textanalyse:	3 kg = 3000 g		V
	$2\,NaCl + 2\,H_2O \longrightarrow 2\,NaOH +$		$Cl_2 + H_2$
2. Stoffmengen n:	2 mol		1 mol
3. molare Größen:	$58{,}5\ g \cdot mol^{-1}$		$22{,}4\ L \cdot mol^{-1}$
4. Volumen/Masse:	117 g		22,4 L

5. Verhältnisgleichung: $\frac{3000\ g}{117\ g} = \frac{V}{22{,}4\ L}$

6. Lösung und Ergebnis: $V = 574{,}4$ L

7. **Antwortsatz**: Durch die Chloralkalielektrolyse können aus 3 kg Natriumchlorid 574 Liter Chlor hergestellt werden.

Realschulabschluss 2016 Chemie (Sachsen)
Pflichtaufgabe 1: Stoffe – Teilchen – Chemische Reaktionen

BE

1.1 Ihnen wird folgendes Experiment demonstriert:
Der in einem Reagenzglas befindliche gasförmige Kohlenwasserstoff wird entzündet. Anschließend wird das Reagenzglas mit Calciumhydroxidlösung gespült.

- Notieren Sie Ihre Beobachtungen.
- Werten Sie Ihre Beobachtungen aus.
- Entwickeln Sie die Reaktionsgleichung für die Verbrennung eines gasförmigen Kohlenwasserstoffes. 6

1.2 Calciumhydroxid gehört zu den Ionensubstanzen.

- Notieren Sie Name und Formel zweier weiterer Ionensubstanzen, die Calcium-Ionen enthalten.
- Erläutern Sie die Art der chemischen Bindung in Ionensubstanzen.
- Vergleichen Sie den Bau eines Calciumatoms mit dem eines Calcium-Ions. Geben Sie eine Gemeinsamkeit und drei Unterschiede an.

Übernehmen sie dazu die Tabelle in Ihre Arbeit und ergänzen Sie diese. 9

	Calciumatom	**Calcium-Ion**
Gemeinsamkeit		
Unterschiede	– – –	– – –
chemisches Zeichen		

1.3 Calcium reagiert mit Wasser unter starker Wärmeentwicklung zu Calciumhydroxid und Wasserstoff.

- Erläutern Sie zwei Merkmale chemischer Reaktionen an diesem Beispiel.
- Notieren Sie zwei weitere Merkmale chemischer Reaktionen.
- Begründen Sie zwei Arbeitsschutzmaßnahmen, die bei der Durchführung dieser chemischen Reaktion einzuhalten sind. 10

25

Lösungen

1.1 *Es ist davon auszugehen, dass das Demonstrationsexperiment in folgender Weise vorgeführt wurde:*
Ihnen wird mitgeteilt, dass sich in einem Reagenzglas ein gasförmiger Kohlenwasserstoff befindet. Mithilfe eines Holzspanes oder der Brennerflamme wird diese Stoffprobe entzündet. Im Anschluss wird etwas Calciumhydroxid-Lösung in das Reagenzglas gegeben.

- **Beobachtungen:**
  Der gasförmige Kohlenwasserstoff entzündet sich und brennt von oben nach unten ab. Dabei schlägt sich an der Innenseite des Reagenzglases eine farblose Flüssigkeit nieder. Nach der Zugabe von Calciumhydroxid-Lösung zeigen sich an der Reagenzglaswand weiße Schlieren. Am Boden sammelt sich eine trübe Flüssigkeit.
- **Auswertung:**
  Die farblose Flüssigkeit ist Wasser. Der weiße Niederschlag ist Calciumcarbonat. Auf diese Weise wurde mithilfe von Calciumhydroxid-Lösung Kohlenstoffdioxid nachgewiesen.
- Reaktionsgleichung für die Verbrennung eines gasförmigen Kohlenwasserstoffes:

  Wählen Sie einen gasförmigen Kohlenwasserstoff aus. Möglich wären u. a. Methan, Ethan, Propan, Butan, Ethen oder Ethin.

  Methan: $CH_4 + 2\ O_2 \longrightarrow CO_2 + 2\ H_2O$

  alternativ:

  Ethan: $2\ C_2H_6 + 7\ O_2 \longrightarrow 4\ CO_2 + 6\ H_2O$ *oder*

  Propan: $C_3H_8 + 5\ O_2 \longrightarrow 3\ CO_2 + 4\ H_2O$ *oder*

  Butan: $2\ C_4H_{10} + 13\ O_2 \longrightarrow 8\ CO_2 + 10\ H_2O$ *oder*

  Ethen: $C_2H_4 + 3\ O_2 \longrightarrow 2\ CO_2 + 2\ H_2O$ *oder*

  Ethin: $2\ C_2H_2 + 5\ O_2 \longrightarrow 4\ CO_2 + 2\ H_2O$

1.2 – *Wählen Sie aus dem Tafelwerk zwei Beispiele aus. Beachten Sie, dass Sie Namen und Formel notieren sollen.*

Calciumcarbonat ($CaCO_3$), Calciumchlorid ($CaCl_2$)

alternativ:

Calciumbromid ($CaBr_2$), Calciumnitrat ($Ca(NO_3)_2$), Calciumoxid (CaO), Calciumphosphat ($Ca_3(PO_4)_2$), Calciumsulfat ($CaSO_4$)

- In Ionensubstanzen liegt Ionenbindung vor. Die Ionenbindung beruht auf der **elektrostatischen Anziehung** zwischen entgegengesetzt geladenen Ionen. Die Ionen ordnen sich zu einem **Ionenkristall** an.
-

	Calciumatom	**Calcium-Ion**
Gemeinsamkeit	20 Protonen	
Unterschiede	20 Elektronen 2 Außenelektronen 4 besetzte Elektronenschalen *alternativ:* nicht stabile Außenschale	18 Elektronen 8 Außenelektronen 3 besetzte Elektronenschalen *alternativ:* stabile Außenschale
chemisches Zeichen	Ca	Ca^{2+}

Beachten Sie, dass die Ladungsangaben „das Calciumatom ist elektrisch neutral" und „das Calcium-Ion ist zweifach positiv geladen" keine Aussagen zum Bau der Teilchen sind.

1.3 – Bei einer chemischen Reaktion findet eine **Stoffumwandlung** statt. Das heißt, es entsteht ein neuer Stoff mit neuen Eigenschaften. Bei dieser chemischen Reaktion reagieren das Metall Calcium und die Flüssigkeit Wasser zu dem Gas Wasserstoff und dem Feststoff Calciumhydroxid, der als Aufschlämmung im Gemisch mit Wasser vorliegt.
Bei einer chemischen Reaktion finden **Energieumwandlungen** statt. Die starke Wärmeentwicklung belegt, dass ein Teil der chemischen Energie der Ausgangsstoffe in Wärmeenergie umgewandelt wurde.

– Weitere Merkmale der chemischen Reaktion sind die **Änderung der Teilchen** und die **Änderung der chemischen Bindungen**.

– *Beachten Sie, dass die Arbeitsschutzmaßnahmen zu begründen sind. Eine Vielzahl von Antworten ist möglich.*

Calciumhydroxid gehört zur Stoffgruppe der Hydroxide, die **ätzend** sind. Deshalb sollte eine **Schutzbrille** getragen werden.
Wasserstoff bildet mit Luft explosives **Knallgas**. Deshalb ist darauf zu achten, dass **keine offenen Flammen** in Wirkungsnähe sind.

Realschulabschluss 2016 Chemie (Sachsen)
Wahlaufgabe 2: Wasser – lebensnotwendiger Stoff

BE

2.1 Im Kreisdiagramm ist der Wasserverbrauch in Industrie- und Entwicklungsländern dargestellt.

Daten nach: FAO-AQUASTAT, The United Nations World Water Development Report 3. Paris: UNESCO 2009, S. 99f.

- Werten Sie die beiden Diagramme zum Wasserverbrauch aus, indem Sie die angegebenen Werte vergleichen.
- Geben Sie zu jedem der Bereiche eine Verwendungsmöglichkeit von Wasser an.
- Notieren Sie zwei Möglichkeiten, im Haushalt Wasser zu sparen. 6

2.2 **Experiment:** Identifizieren von Stoffen
In den mit A, B und C gekennzeichneten Gefäßen befinden sich Proben von Trinkwasser, basischem (alkalischem) Abwasser und destilliertem Wasser.
Identifizieren Sie die drei Stoffproben.

- Planen Sie Ihr experimentelles Vorgehen und legen Sie den Plan dem Lehrer vor.
- Führen Sie das Experiment durch.
- Notieren Sie Ihre Beobachtungen.
- Ordnen Sie die Stoffe den Gefäßen A, B und C zu und begründen Sie eine Zuordnung.
- Geben Sie eine Möglichkeit zur umweltentlastenden Behandlung des basischen Abwassers an. 10

2.3 Natrium reagiert heftig mit Wasser.

$$2\,Na + 2\,H_2O \longrightarrow 2\,NaOH + H_2$$

- Berechnen Sie das Volumen von Wasserstoff, das bei dieser Reaktion von Wasser mit 2 g Natrium entsteht. 4

2.4 Wasser kann Reaktionspartner für weitere Stoffe mit folgenden Formeln sein:
CO_2, C_2H_4, CaO

- Geben Sie die Namen der Stoffe an.
- Übertragen und ergänzen Sie die Wortgleichungen für die Reaktion dieser Stoffe mit Wasser.

  ______________ + Wasser ⟶ Calciumhydroxid

  ______________ + Wasser ⟶ Ethanol

  ______________ + Wasser ⟶ Kohlensäure

- Wählen Sie eine Wortgleichung aus und entwickeln Sie die zugehörige Reaktionsgleichung. 5/25

Lösungen

2.1 – *Beachten Sie den Operator „Vergleichen". Sie müssen Gemeinsamkeiten und Unterschiede aufzeigen. Mehrere Antworten sind möglich.*

In den Entwicklungsländern wird wesentlich mehr Wasser für die Landwirtschaft eingesetzt als in den Industrieländern. Der Anteil für die Industrie ist fast gleich. Dreimal so hoch ist der Wasserverbrauch in den Haushalten in den Industrieländern im Vergleich zu den Entwicklungsländern.

– **Industrie:** z. B. als Kühlmittel bei technischen Verfahren
Landwirtschaft: z. B. zum Bewässern von Nutzflächen
Haushalt: z. B. zur Körperpflege

alternativ:
Industrie: z. B. als Ausgangsstoff bei chemischen Synthesen
Landwirtschaft: z. B. zum Tränken der Tiere
Haushalt: z. B. zur Zubereitung von Nahrung

– Wenn möglich kann bei der Toilettenspülung die Spartaste eingesetzt werden. Beim sinnvollen Duschen wird weniger Wasser verbraucht als beim Baden.

alternativ:
Zum Gießen im Garten sollte Regenwasser genutzt werden. Waschmaschinen und Geschirrspüler sollten nur benutzt werden, wenn sie ausreichend gefüllt sind.

2.2 – **Plan:** Es werden jeweils Stoffproben aus den Gefäßen entnommen. Zuerst teste ich diese mit **Universalindikator-Lösung** (Unitest). Dabei müsste sich nur eine Flüssigkeit blau verfärben, so erkenne ich das basische Abwasser.
Von den beiden anderen Stoffproben dampfe ich eine geringe Menge ein. Beim Trinkwasser müsste aufgrund der **gelösten Salze** ein weißer fester Stoff übrigbleiben. Beim destillierten Wasser wird kein Rückstand sichtbar sein.

alternativ:
Die beiden anderen Stoffproben prüfe ich auf **elektrische Leitfähigkeit**. Das Trinkwasser müsste den elektrischen Strom leiten, destilliertes Wasser dagegen nicht.

– *Führen Sie die geplanten Experimente durch. Beachten Sie den Arbeitsschutz.*

– **Beobachtungen:**
Lösung A färbt sich mit Unitest blau. Nach dem Eindampfen ist das Reagenzglas der Stoffprobe B klar, bei der Stoffprobe C sind geringe weiße Ablagerungen zu sehen.

alternativ:
Beim Testen der Lösung B im Stromkreis leuchtet die Lampe nicht, während bei der Lösung C die Lampe leuchtet.

– **Zuordnung:** A ist Abwasser, B ist destilliertes Wasser und C ist Trinkwasser.

Sie müssen nur eine Begründung angeben.

A ist das Abwasser, weil die basische Lösung Unitest blau färbt, da Hydroxid-Ionen vorhanden sind.

alternativ:
B ist destilliertes Wasser, da es neutral reagiert und keine Stoffe gelöst sind.

alternativ:
C ist Trinkwasser, da es neutral reagiert und gelöste Mineralsalze nachgewiesen wurden.

– Das Abwasser kann mit einer sauren Lösung **neutralisiert** werden.

2.3 *Im Text ist die Masse von Natrium gegeben, die Reaktionsgleichung enthält die Stoffmengen von Natrium und Wasserstoff, im Tafelwerk findet man die molare Masse von Natrium. Das molare Volumen der Gase beträgt 22,4 L · mol⁻¹.*

Berechnung:

Reaktionsgleichung: $2\,Na + 2\,H_2O \longrightarrow 2\,NaOH + H_2$

Gesucht: V_1 (Wasserstoff)

Gegeben: m_2 (Natrium) = 2 g
$n_1 = 1$ mol $V_m = 22{,}4\ L \cdot mol^{-1}$
$n_2 = 2$ mol $M_2 = 23\ g \cdot mol^{-1}$

Lösung: $\frac{V_1}{m_2} = \frac{n_1 \cdot V_m}{n_2 \cdot M_2}$

$$\frac{V_1}{2\ g} = \frac{1\ mol \cdot 22{,}4\ L \cdot mol^{-1}}{2\ mol \cdot 23\ g \cdot mol^{-1}}$$

$$V_1 = 0{,}97\ L$$

Antwortsatz: Wenn 2 g Natrium mit Wasser reagieren, entstehen 0,97 L Wasserstoff.

Alternativer Rechenweg:

1. Textanalyse:	2 g			V
	$2\,Na + 2\,H_2O$	$\longrightarrow$	$2\,NaOH +$	H_2
2. Stoffmenge:	2 mol			1 mol
3. molare Größe:	$23\ g \cdot mol^{-1}$			$22{,}4\ L \cdot mol^{-1}$
4. Masse/Volumen:	46 g			22,4 L

5. Verhältnisgleichung: $\frac{2\ g}{46\ g} = \frac{V}{22{,}4\ L}$

6. Lösung und Ergebnis: $V = 0{,}97\ L$

7. **Antwortsatz:** Wenn 2 g Natrium mit Wasser reagieren, entstehen 0,97 Liter Wasserstoff.

2.4 – CO_2 Kohlenstoffdioxid, C_2H_4 Ethen, CaO Calciumoxid

– Calciumoxid + Wasser ⟶ Calciumhydroxid
Ethen + Wasser ⟶ Ethanol
Kohlenstoffdioxid + Wasser ⟶ Kohlensäure

– *Es ist ausreichend, wenn Sie eine Reaktionsgleichung entwickeln.*

$CaO + H_2O \longrightarrow Ca(OH)_2$

alternativ:

$C_2H_4 + H_2O \longrightarrow C_2H_5OH$ *oder*

$CO_2 + H_2O \longrightarrow H_2CO_3$

BE

3.1 In unserem Alltag finden ständig chemische Reaktionen statt.
- Notieren Sie drei Bedeutungen chemischer Reaktionen.
- Erläutern Sie eine Bedeutung chemischer Reaktionen an einem selbst gewählten Beispiel. 5

3.2 Lesen Sie den Text „Katalysatoren" und bearbeiten Sie die nachstehenden Aufgaben.

> **Katalysatoren**
>
> Seit der Antike werden chemische Reaktionen mithilfe von Katalysatoren ausgeführt. Erst der schwedische Chemiker JÖNS JAKOB BERZELIUS kam 1835 zu der Erkenntnis, dass eine Vielzahl von Reaktionen nur dann erfolgt, wenn ein bestimmter Stoff zugegen ist, der jedoch nicht verbraucht wird. WILHELM OSTWALD schrieb 1895, dass dieser „Stoff, (…) die Geschwindigkeit einer chemischen Reaktion erhöht, ohne dabei selbst verbraucht zu werden."
>
> Die Wirkungsweise eines Katalysators beruht auf seiner Möglichkeit, den Mechanismus einer chemischen Reaktion derart zu verändern, dass die Aktivierungsenergie herabgesetzt wird. Ohne die Anwesenheit eines Katalysators würde die jeweilige chemische Reaktion sehr viel langsamer oder gar nicht erfolgen. Genau dieses Prinzip wird auch beim Katalysator in der Auspuffanlage der Kraftfahrzeuge verwendet. Die Autoabgase werden nicht, wie oft angenommen, gefiltert, sondern giftige Abgase reagieren am Katalysator zu weitaus ungefährlicheren Stoffen. So werden Kohlenstoffmonooxid, Stickstoffoxide und Kohlenwasserstoffe am fein verteilten Platin des Katalysators zu Stickstoff, Wasser und Kohlenstoffdioxid umgewandelt.
>
> Nach: Wikipedia, Die freie Enzyklopädie. Artikel "Katalysator". Lizenziert unter cc-by-sa-3.0.
> Chemie 10: Stoffe - Reaktionen - Umwelt, Sachsen. Berlin: Cornelsen 2007, S. 72

- Notieren Sie zwei Merkmale eines Katalysators.
- Begründen Sie den ökonomisch günstigeren Verlauf von chemisch-technischen Verfahren beim Einsatz von Katalysatoren. 3

3.3 An der katalytisch aktiven Schicht aus Platin und Rhodium des Drei-Wege-Katalysators eines Autos werden Schadstoffe bei einer Temperatur von 300 °C bis 500 °C umgewandelt. Trotzdem erzeugt ein Auto pro gefahrenem Kilometer durchschnittlich 120 g Kohlenstoffdioxid.
- Berechnen Sie das Volumen von Sauerstoff, das zur Umwandlung von 150 g Kohlenstoffmonooxid benötigt wird.

$$2\,CO + O_2 \longrightarrow 2\,CO_2$$ 4

3.4 **Experiment:** Verlauf chemischer Reaktionen
Sie erhalten zwei Magnesiumproben gleicher Masse und Salzsäure. Untersuchen Sie den Verlauf der chemischen Reaktion von Magnesium mit Salzsäure, indem Sie folgende Experimente durchführen:

- Bringen Sie ein Magnesiumstück mit 5 Milliliter der gegebenen Salzsäure zur Reaktion. Messen Sie die Zeit vom Beginn der chemischen Reaktion bis zum vollständigen Verbrauch des Magnesiums.
- Verdünnen Sie die verbleibende Säure auf das Vierfache. Entnehmen Sie 5 Milliliter und führen Sie das Experiment einschließlich der Zeitmessung erneut durch.
- Werten Sie Ihre Messergebnisse aus. Gehen Sie dabei auf den Zusammenhang zwischen der Konzentration und der Reaktionsgeschwindigkeit ein. 5

3.5 Die Herstellung von Wasserstoff durch die chemische Reaktion von Magnesium mit Salzsäure wurde mit 30 °C und 70 °C heißer Salzsäure durchgeführt. Die Konzentrationen und Volumina der Salzsäure waren bei beiden Experimenten gleich. Folgende Messwerte wurden ermittelt:

Zeit in Sekunden	**Volumen von Wasserstoff in Milliliter**	
	Reaktion A	**Reaktion B**
0	0	0
10	30	20
20	40	26
30	45	32
40	50	38
50	56	40

- Stellen Sie die Werte in einem geeigneten Diagramm dar.
- Entscheiden Sie, welche der beiden chemischen Reaktionen A oder B bei 70 °C ablief und begründen Sie Ihre Entscheidung.
- Entwickeln Sie für die chemische Reaktion von Magnesium mit Salzsäure die Reaktionsgleichung.
- Erläutern Sie an diesem Beispiel den Einfluss des Zerteilungsgrades auf den Verlauf chemischer Reaktionen. 8

25

Lösungen

3.1 – *Sie haben zahlreiche Antwortmöglichkeiten. Die Aussagen können allgemein oder auch konkret sein.*

Herstellen von Werkstoffen, Entsorgung von Schadstoffen, Bereitstellen von Wärmeenergie

alternativ:
Herstellen von Arzneimitteln, Verdauen der Nahrung im menschlichen Organismus

– *Beachten Sie den Operator „Erläutern". Sie können sich auf ein oben genanntes Beispiel beziehen oder auch ein anderes anführen.*

Durch die Rauchgasentschwefelung wird aus den Abgasen eines Wärmekraftwerkes Schwefeldioxid entfernt, das sonst zum sauren Regen, einer aktuellen Umweltbelastung, führen würde.

alternativ:
Durch den Hochofenprozess wird aus Eisenerz Roheisen hergestellt. Der daraus erzeugte Stahl wird in vielen Bereichen als Werkstoff eingesetzt.

3.2 – *Im Text sind drei Merkmale des Katalysators enthalten. Sie brauchen nur zwei zu nennen.*

Katalysatoren werden bei chemischen Reaktionen nicht verbraucht. Katalysatoren erhöhen die Reaktionsgeschwindigkeit.

alternativ:
Katalysatoren setzen die Aktivierungsenergie herab.

– *Beachten Sie den Operator „Begründen" und beziehen Sie sich auf ein Ihnen bekanntes chemisch-technisches Verfahren.*

Bei der Ammoniaksynthese würde ohne Katalysator die Reaktion zwischen Stickstoff und Wasserstoff nur sehr langsam verlaufen. Durch den Einsatz des Katalysators kann in kürzeren Zeiten eine größere Menge Ammoniak hergestellt werden. Damit wird das Verfahren ökonomischer und profitabler.

alternativ:
Beim Kontaktverfahren, der katalytischen Oxidation von Schwefeldioxid zu Schwefeltrioxid, wird durch den Katalysator bewirkt, dass der Anteil von Schwefeltrioxid im Reaktionsgemisch höher ist. Dadurch steht mehr Schwefeltrioxid zur Schwefelsäureproduktion zur Verfügung.

3.3 *Im Text ist die Masse von Kohlenstoffmonooxid gegeben, die Reaktionsgleichung enthält die Stoffmengen von Kohlenstoffmonooxid und Sauerstoff, im Tafelwerk findet man die molare Masse von Kohlenstoffmonooxid. Das molare Volumen der Gase beträgt* $22{,}4\ L \cdot mol^{-1}$.

Berechnung:

Reaktionsgleichung: $2\,CO + O_2 \longrightarrow 2\,CO_2$

Gesucht: V_1 (Sauerstoff)

Gegeben: m_2 (Kohlenstoffmonooxid) = 150 g

$n_1 = 1$ mol $V_m = 22{,}4$ L · mol^{-1}

$n_2 = 2$ mol $M_2 = 28$ g · mol^{-1}

Lösung:

$$\frac{V_1}{m_2} = \frac{n_1 \cdot V_m}{n_2 \cdot M_2}$$

$$\frac{V_1}{150\ \text{g}} = \frac{1\ \text{mol} \cdot 22{,}4\ \text{L} \cdot \text{mol}^{-1}}{2\ \text{mol} \cdot 28\ \text{g} \cdot \text{mol}^{-1}}$$

$$V_1 = 60\ \text{L}$$

Antwortsatz: Für die Umsetzung von 150 g Kohlenstoffmonooxid werden 60 Liter Sauerstoff benötigt.

Alternativer Rechenweg:

1. Textanalyse:	150 g		V		
	2 CO	+	O_2	⟶	2 CO_2
2. Stoffmenge:	2 mol		1 mol		
3. molare Größe:	28 g · mol^{-1}		22,4 L · mol^{-1}		
4. Masse/Volumen:	56 g		22,4 L		

5. Verhältnisgleichung: $\frac{150\ \text{g}}{56\ \text{g}} = \frac{V}{22{,}4\ \text{L}}$
6. Lösung und Ergebnis: V = 60 L
7. **Antwortsatz:** Für die Umsetzung von 150 g Kohlenstoffmonooxid werden 60 Liter Sauerstoff benötigt.

3.4 – *Arbeiten Sie genau nach der Anleitung. Beachten Sie vorgegebenen Volumina.*

mögliches Messergebnis: $t_1 = 8$ s

– *Verdünnen Sie die Säure wie angegeben. Am besten geben Sie zu einem gemessenen Volumen der Salzsäure die dreifache Menge Wasser und entnehmen dann wieder 5 Milliliter.*
Auch wenn Sie das Verdünnen nicht so exakt durchführen, werden die Messergebnisse auswertbar sein.

mögliches Messergebnis: $t_2 = 15$ s

– Bei der weiterverdünnten Salzsäure dauerte die Reaktion länger, die Reaktion lief langsamer ab. Je höher die Konzentration einer Lösung ist, umso höher ist die Reaktionsgeschwindigkeit.

3.5 *Sie müssen ein geeignetes Diagramm auswählen. Es bieten sich Liniendiagramme und Säulendiagramme an. Verwenden Sie Millimeterpapier und stellen Sie die Werte der einzelnen Reaktionen verschieden farbig dar.*

Liniendiagramm

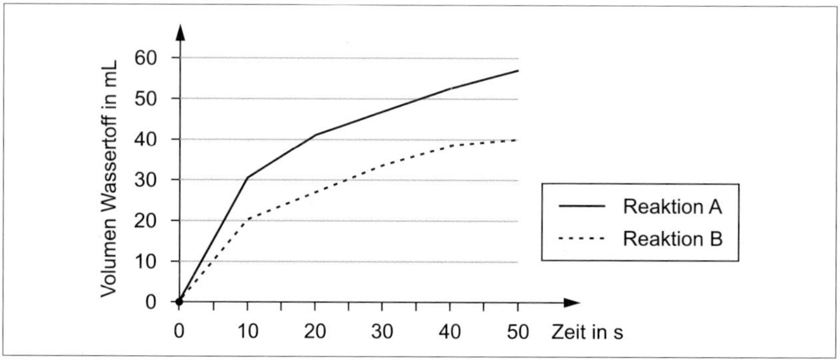

alternativ: Säulendiagramm

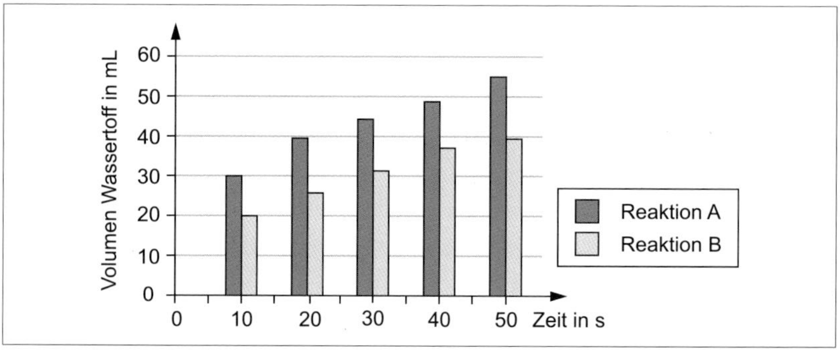

- Bei 70 °C lief die Reaktion A ab, da in gleicher Zeit mehr Wasserstoff gebildet wurde.
- $Mg + 2\,HCl \longrightarrow MgCl_2 + H_2$
- *Es ist notwendig, dass Sie sich auf die gegebene chemische Reaktion beziehen.*

  Je mehr ein Stoff zerkleinert wird, desto schneller verlaufen chemische Reaktionen. Mit Magnesiumpulver läuft die Reaktion heftiger als mit Magnesiumspänen oder Magnesiumband ab.

Realschulabschluss 2016 Chemie (Sachsen)
Wahlaufgabe 4: Verbindungen des Kohlenstoffes

BE

4.1 Es sind über 15 Millionen organische Verbindungen bekannt.

- Wählen Sie aus den folgenden organischen Verbindungen die Kohlenwasserstoffe aus, notieren sie deren Formel und Name.

  CH_4, CH_3COOH, C_2H_4, $C_6H_{12}O_6$, C_2H_5OH, C_6H_{14}
- Geben Sie an, weshalb die von Ihnen ausgewählten Verbindungen zu den Kohlenwasserstoffen gehören.
- Erstellen Sie für eine der gegebenen Verbindungen einen Steckbrief mit sechs Angaben zu Eigenschaften und Verwendung. 8

4.2 Ethin ist eine organische Verbindung, die zum Schneiden und Schweißen von Stahl verwendet wird.

- Berechnen Sie die Masse an Calciumcarbid, die mit Wasser reagieren muss, um 20 Liter Ethin zu erhalten. 4

  $$CaC_2 + 2\,H_2O \longrightarrow C_2H_2 + Ca(OH)_2$$

4.3 **Experiment:** Prüfen von Stoffproben auf das Vorhandensein ungesättigter Verbindungen

Organische Verbindungen können in gesättigte und ungesättigte unterteilt werden.
Im Gefäß A befindet sich ein Pflanzenöl und im Gefäß B ein Kraftstoff.
Überprüfen Sie, ob die Stoffproben ungesättigte Verbindungen enthalten.

- Planen Sie Ihr experimentelles Vorgehen und legen Sie Ihren Plan dem Lehrer vor.
- Führen Sie die Experimente durch.
- Notieren Sie Ihre Beobachtungen.
- Werten Sie Ihre Beobachtungen entsprechend der Aufgabenstellung aus. 6

4.4 Auch Kunststoffe sind organische Verbindungen.

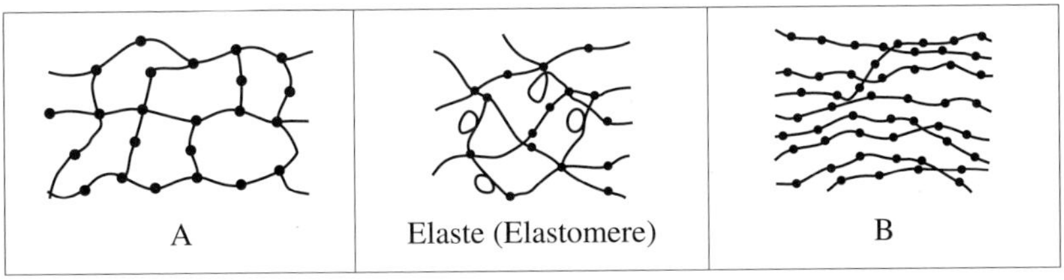

Eigene Darstellung nach: Modelle Bau Kunststoffe Cornelsen / Volk und Wissen Kl. 9 Sachsen

- Ordnen Sie den Abbildungen A und B die entsprechenden Kunststoffarten zu.
- Leiten Sie aus dem Bau einer Kunststoffart eine Eigenschaft ab.
- Entwickeln Sie die Reaktionsgleichung für die Bildung von Polyethylen aus seinem Grundbaustein Ethen.
- Notieren Sie zwei Verwendungsmöglichkeiten für Polyethylen. 7

25

Lösungen

4.1 *Achten Sie darauf nur zutreffende Stoffe auszuwählen und Namen und Formel anzugeben.*

- Kohlenwasserstoffe sind: Methan: CH_4, Ethen: C_2H_4, Hexan: C_6H_{14}
- Kohlenwasserstoffe sind Verbindungen, die nur aus den Elementen Kohlenstoff und Wasserstoff bestehen.
- *Sie können auch eine organische Verbindung auswählen, die kein Kohlenwasserstoff ist. Achten Sie auf die Form „Steckbrief". Insgesamt sind 6 Angaben gefordert, die Sie beliebig auf die Eigenschaften und die Verwendung verteilen können.*

Traubenzucker
Eigenschaften: fest, weiß, pulvrig, gut in Wasser löslich, geringe Schmelztemperatur,
Verwendung: Energielieferant für die Körperzellen,

alternativ:
Methan
Eigenschaften: gasförmig, farblos, brennbar, geringe Entzündungstemperatur, bildet mit Luft explosive Gemische,
Verwendung: Heizgas, Ausgangsstoff bei chemischen Synthesen,

oder **Essigsäure**
Eigenschaften: flüssig, gut mit Wasser mischbar, stechender Geruch, ätzend,
Verwendung: Säuerungsmittel für Speisenzubereitung, Reinigungsmittel, Konservierungsstoff,

oder **Ethanol**
Eigenschaften: flüssig, farblos, charakteristischer Geruch, brennt mit fahler Flamme,
Verwendung: Reinigungsmittel, Brennstoff, Konservierungsstoff,

oder **Ethen**
Eigenschaften: gasförmig, farblos, schwach süßlicher Geruch, brennbar,
Verwendung: Herstellung von Polyethylen, Reifung von Früchten,

4.2 *Im Text ist das Volumen von Ethin gegeben, die Reaktionsgleichung enthält die Stoffmengen von Calciumcarbid und Ethin, im Tafelwerk findet man die molare Masse von Calciumcarbid. Das molare Volumen der Gase beträgt 22,4 L · mol^{-1}.*

Berechnung:

Reaktionsgleichung: $CaC_2 + 2\,H_2O \longrightarrow C_2H_2 + Ca(OH)_2$

Gesucht: m_1 (Calciumcarbid)

Gegeben: V_2 (Ethin) = 20 L

$n_1 = 1\text{ mol}$ $\quad M_1 = 64{,}1\text{ g} \cdot \text{mol}^{-1}$

$n_2 = 1\text{ mol}$ $\quad V_m = 22{,}4\text{ L} \cdot \text{mol}^{-1}$

Lösung:

$$\frac{m_1}{V_2} = \frac{n_1 \cdot M_1}{n_2 \cdot V_m}$$

$$\frac{m_1}{20\text{ L}} = \frac{1\text{ mol} \cdot 64.1\text{ g} \cdot \text{mol}^{-1}}{1\text{ mol} \cdot 22{,}4\text{ L} \cdot \text{mol}^{-1}}$$

$$m_1 = 57{,}2\text{ g}$$

Antwortsatz: Für die Herstellung von 20 Liter Ethin werden 57,2 g Calciumcarbid benötigt.

Alternativer Rechenweg:

1. Textanalyse:	m	20 L
	$CaC_2 + 2\,H_2O \longrightarrow$	$C_2H_2 + Ca(OH)_2$
2. Stoffmenge:	1 mol	1 mol
3. molare Größe:	$64{,}1\ g \cdot mol^{-1}$	$22{,}4\ L \cdot mol^{-1}$
4. Masse/Volumen:	64,1 g	22,4 L
5. Verhältnisgleichung:	$\frac{m}{64{,}1\ g} = \frac{20\ L}{22{,}4\ L}$	
6. Lösung und Ergebnis:	$m = 57{,}2\ g$	

7. **Antwortsatz:** Für die Herstellung von 20 Liter Ethin werden 57,2 g Calciumcarbid benötigt.

4.3 – **Plan:** In den Molekülen ungesättigter Kohlenwasserstoffe befinden sich Mehrfachbindungen. Diese können mit gelb-brauner Brom-Lösung nachgewiesen werden. Sind Mehrfachbindungen vorhanden, wird die Brom-Lösung entfärbt.

– Durchführung des Experiments

– **Beobachtungen:** Gefäß A: farbloses Gemisch entsteht
Gefäß B: farbloses Gemisch entsteht

– **Auswertung:** In beiden Stoffproben sind ungesättigte Verbindungen.

Je nach Art des verwendeten Kraftstoffes könnte der Nachweis auch negativ ausfallen.

– **Beobachtungen:** Gefäß A: farbloses Gemisch entsteht
Gefäß B: Gemisch bleibt gelblich-braun.

– **Auswertung:** In der Stoffprobe A konnten ungesättigte Verbindungen nachgewiesen werden, in der Stoffprobe B dagegen nicht.

4.4 – Abbildung A zeigt einen **Duroplast**, Abbildung C einen **Thermoplast**.

– In Thermoplasten sind die Moleküle nur gering miteinander vernetzt, deshalb erweichen die Stoffe bei relativ niedrigen Temperaturen.

alternativ:

In Duroplasten sind die Moleküle stark miteinander vernetzt, deshalb zersetzen sich diese Stoffe und schmelzen nicht beim Erwärmen.

– *Sie können die Reaktionsgleichung entweder mit Summenformeln, vereinfachten Strukturformeln oder ausführlichen Strukturformeln formulieren:*

$$n\ C_2H_4 \longrightarrow (C_2H_4)_n$$

alternativ:

$$n\ H_2C{=}CH_2 \longrightarrow \left[CH_2 - CH_2 \right]_n$$

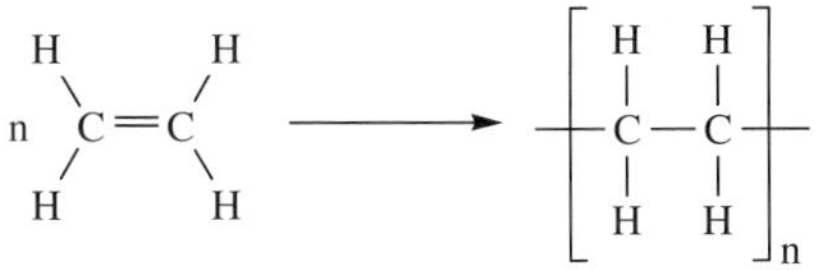

– Verpackungsfolie, Eimer

alternativ (z. B.)

Einkaufstüten, Vorratsdosen, Chemikaliengefäße

Realschulabschluss 2017 Chemie (Sachsen)
Pflichtaufgabe 1: Stoffe – Teilchen – Chemische Reaktionen

BE

1.1 Ihnen wird folgendes Experiment demonstriert:
Eine Stoffprobe Magnesiumpulver wird mit einer Stoffprobe Siliciumdioxid gemischt. Das Gemisch wird erhitzt. Bei dieser chemischen Reaktion entstehen Magnesiumoxid und Silicium.

- Notieren Sie Ihre Beobachtungen.
- Erläutern Sie anhand Ihrer Beobachtungen ein Merkmal chemischer Reaktionen.
- Notieren Sie ein weiteres Merkmal chemischer Reaktionen.
- Entwickeln Sie die Reaktionsgleichung für die chemische Reaktion von Magnesium mit Siliciumdioxid.
- Ordnen Sie diese chemische Reaktion einer Reaktionsart zu.
- Begründen Sie Ihre Zuordnung.
- Geben Sie die Funktion von Magnesium bei dieser chemischen Reaktion an. 11

1.2 Magnesium reagiert ebenfalls mit Glucose. Dabei entstehen unter Freisetzung von Wasserstoff Magnesiumoxid und Kohlenstoff.

- Übernehmen Sie die folgende Tabelle zu dem beschriebenen Experiment und ergänzen Sie diese.

Name des Stoffes	Magnesium		
chemisches Zeichen		$C_6H_{12}O_6$	
Teilchenart			Ionen
Bindungsart			Ionenbindung

- Erstellen Sie für Wasserstoff einen Steckbrief mit sechs Angaben zu Eigenschaften und Verwendung. 7

1.3 Magnesium steht als Element im Periodensystem der Elemente.

- Entscheiden Sie, ob die folgenden Aussagen wahr oder falsch sind.
- Berichtigen Sie die falschen Aussagen.
  a) Magnesium hat die Ordnungszahl 13.
  b) Ein Magnesium-Ion besitzt 12 Protonen.
  c) Magnesiumatom und Magnesium-Ion besitzen die gleiche Anzahl an besetzten Elektronenschalen.
  d) Magnesium bildet zweifach negativ geladene Ionen. 7

25

Lösungen

1.1 *Es ist davon auszugehen, dass das Demonstrationsexperiment in folgender Weise vorgeführt wurde:*
In einem Reagenzglas werden eine Stoffprobe Magnesium und eine Stoffprobe Siliciumdioxid gemischt. Das Magnesium liegt als graues Pulver und das Siliciumdioxid als weißer, körniger Stoff vor. Mit einer entleuchteten Brennerflamme wird das Gemisch stark erhitzt.

- **Beobachtungen:**
  Beim Erhitzen glüht das Gemisch hell auf. Nach dem Abkühlen ist der Inhalt des Reagenzglases unten dunkelgrau-schwarz, an der darüberliegenden Innenwand des Reagenzglases sind weiße Ablagerungen sichtbar.

- *Beachten Sie, dass Sie die Erläuterung aus den Beobachtungen ableiten müssen.*

  Bei einer chemischen Reaktion findet eine Stoffumwandlung statt: Aus dem weißgrauen Stoffgemisch werden eine dunkelgraue Substanz und ein weißes, feinverteiltes Pulver.

  alternativ:
  Bei einer chemischen Reaktion finden Energieumwandlungen statt. Durch das Aufglühen wird bestätigt, dass chemische Energie in Wärmeenergie und Lichtenergie umgewandelt wird.

- *Je nach Ihrer Auswahl im vorangegangenen Antwortteil, geben Sie ein weiteres Merkmal einer chemischen Reaktion an.*

  Energieumwandlung
  alternativ:
  Stoffumwandlung, Änderung der Teilchen, Änderung der chemischen Bindungen

- $2\,Mg + SiO_2 \longrightarrow 2\,MgO + Si$
- Es handelt sich um eine Redoxreaktion.

- *Beachten Sie den Operator „Begründen“.*

  Bei einer Redoxreaktion finden Oxidation und Reduktion geleichzeitig statt. In diesem Falle wird das Magnesium zu Magnesiumoxid oxidiert und das Siliciumdioxid zu Silicium reduziert.

- Magnesium ist bei dieser chemischen Reaktion das Reduktionsmittel.

1.2 – *Tragen Sie wie gefordert die Antworten in die vorgegebene Tabelle ein.*

Name des Stoffes	Magnesium	**Traubenzucker**	**Magnesiumoxid**
chemisches Zeichen	**Mg**	$C_6H_{12}O_6$	**MgO**
Teilchenart	**Metall-Ionen freibewegliche Elektronen**	**Moleküle**	Ionen
Bindungsart	**Metallbindung**	**Atombindung**	Ionenbindung

– *Als Form ist ein Steckbrief gefordert, die sechs Angaben können Sie beliebig auf Eigenschaften und Verwendung verteilen.*

Steckbrief Wasserstoff:

Eigenschaften:

• Aggregatzustand:	gasförmig
• Geruch:	geruchlos
• Brennbarkeit:	brennbar
	bildet mit Luft explosive Gemische

alternativ:

• Dichte:	$0{,}09 \text{ g} \cdot \text{cm}^{-3}$
• molare Masse:	$2 \text{ g} \cdot \text{mol}^{-1}$
• Löslichkeit in Wasser:	nicht löslich
• Farbe:	farblos

Verwendung:
- Raketentreibstoff
- Füllgas für Ballons

alternativ:
- Heiz- und Schweißgas
- Antrieb von Kraftfahrzeugen

1.3 – Die Aussagen a, c und d sind falsch, die Aussage b ist wahr.
– a) Magnesium hat die Ordnungszahl 12.
c) Das Magnesiumatom hat 3 besetzte Elektronenschalen, das Magnesium-Ion dagegen nur 2.
d) Das Magnesium bildet zweifach positiv geladene Ionen.

Realschulabschluss 2017 Chemie (Sachsen)
Wahlaufgabe 2: Rund um das Auto

BE

2.1 In jedem Auto steckt eine Menge Chemie. Um ein Auto herzustellen und zum Fahren zu bringen, werden unter anderem Glas, Kunststoffe, Lacke, Klebstoffe, Metalle sowie Kraftstoffe benötigt.

- Wählen Sie von den genannten Stoffen zwei aus und notieren Sie jeweils eine Einsatzmöglichkeit im Auto.
- Notieren Sie einen im Kraftstoff enthaltenen Kohlenwasserstoff und geben Sie für diesen Stoff fünf Eigenschaften an. 5

2.2 Von den über 5 000 Bauteilen eines Autos bestehen ca. 1 500 aus Kunststoffen.

- Notieren Sie zwei Vorteile von Kunststoffen beim Einsatz im Auto.
- Positionieren Sie sich anhand von zwei Argumenten zur Entsorgung bzw. Wiederverwendung von Kunststoffabfällen. 6

2.3 **Experiment:** Umweltgerechte Entsorgung verdünnter Schwefelsäure

Die in der Autobatterie vorhandene verdünnte Schwefelsäure (37 %ig) muss umweltgerecht entsorgt werden.

Sie erhalten verdünnte Schwefelsäure.

- Entwickeln Sie einen Plan zur umweltgerechten Entsorgung verdünnter Schwefelsäure. Legen Sie Ihren Plan dem Lehrer vor.
- Führen Sie das Experiment durch.
- Notieren Sie Ihre Beobachtungen.
- Werten Sie Ihre Beobachtungen aus, indem Sie dabei auf die in den Lösungen enthaltenen Teilchen eingehen.
- Entwickeln Sie die Reaktionsgleichung in verkürzter Ionenschreibweise für die umweltgerechte Entsorgung der Schwefelsäure. 10

2.4 In einem Kraftfahrzeug besitzen Stahl- und Eisenwerkstoffe einen hohen Anteil.

Die Herstellung von Eisen kann durch folgende Reaktionsgleichung beschrieben werden.

$$Fe_2O_3 + 3\,CO \longrightarrow 2\,Fe + 3\,CO_2$$

- Berechnen Sie das Volumen von Kohlenstoffmonooxid, das zur Herstellung von 5 Tonnen Eisen benötigt wird. 4

25

Lösungen

2.1 – z. B. Glas: Autoscheiben *oder* Scheinwerfer
Kunststoffe: Stoßstange *oder* Verblendungen, Armaturenbrett, Bedienelemente

alternativ:
Lacke: Oberfläche der Karosse *oder* Oberfläche der Felgen
Klebstoffe: Befestigung der Innenverblendungen und der Dämmstoffe
Metalle: Felgen *oder* elektrische Kabel
Kraftstoffe: Energiegewinnung zur Bewegung

– z. B. Octan: flüssig, nicht mit Wasser mischbar, geringere Dichte als Wasser, brennbar, Schmelztemperatur –56,8 °C

alternativ:
Benzol (Benzen): flüssig, nicht mit Wasser mischbar, geringere Dichte als Wasser, brennbar, Schmelztemperatur 5,5 °C;

2.2 – Kunststoffe haben meist eine geringe Dichte, somit wird das Fahrzeug leichter. Kunststoffe können gut verformt werden, so lassen sich zahlreiche Formteile herstellen.

alternativ:
Kunststoffe sind besonders widerstandsfähig gegenüber Umwelteinflüssen, sie rosten nicht.

– *Der Operator „Positionieren Sie sich“ verlangt von Ihnen einen persönlichen Standpunkt. Vermeiden Sie allgemeine Aussagen.*

Da Thermoplaste mehrfach verformt werden können, ist es möglich, dass besonders sortenreine Kunststoffe wiederholt im Produktionsprozess eingesetzt werden. Das finde ich gut, weil damit Rohstoffressourcen geschont werden.
Da Kunststoffe beständig gegen Umwelteinflüsse sind, sollten sie nicht unkontrolliert entsorgt (weggeworfen) werden. Besonders umweltbelastend erscheinen mir die Kunststoffmengen in den Weltmeeren, weil dadurch die Lebensbedingungen der Meerestiere eingeschränkt werden.

2.3 – **Plan:** Ich möchte die Schwefelsäure neutralisieren, dazu benötige ich eine Hydroxid-Lösung, z. B. verdünnte Natriumhydroxid-Lösung, und einen Indikator, z. B. Universalindikator-Lösung, damit ich den Neutralpunkt erkennen kann. Ich versetze zuerst die verdünnte Schwefelsäure in einem Erlenmeyerkolben mit einigen Tropfen des Indikators und tropfe dann langsam die verdünnte Natriumhydroxid-Lösung zu. Dabei schwenke ich den Kolben ständig. Wenn die Lösung eine grüne Färbung angenommen hat, ist der Neutralpunkt erreicht.

– *Führen Sie das geplante Experiment durch. Beachten Sie den Arbeitsschutz.*

– **Beobachtungen:**
Verdünnte Schwefelsäure ist farblos. Tropft man Universalindikator-Lösung zu, färbt sich das Gemisch rot. Bei Zugabe weniger farbloser Tropfen von verdünnter Natriumhydroxid-Lösung ist erst noch keine Änderung zu bemerken, aber nach Zugabe weiterer Tropfen schlägt die rote Farbe nach orange-gelb und schließlich grün um. Damit ist die Schwefelsäure-Lösung neutralisiert.

Zeigt sich eine blaue Verfärbung, wurde zu viel Natriumhydroxid-Lösung zugegeben.

– **Auswertung:**

Beachten Sie, dass Sie die Auswertung anhand von Aussagen zu den Teilchen in den Lösungen vornehmen müssen.

In verdünnter Schwefelsäure sind freibewegliche Wasserstoff-Ionen vorhanden, diese färben Universalindikator-Lösung rot. In der neutralen Lösung sind weder freibewegliche Wasserstoff-Ionen, noch freibewegliche Hydroxid-Ionen vorhanden. Deshalb bleibt die Universalindikator-Lösung grün.

Ergänzung: Wird zu viel Hydroxid-Lösung zugegeben, überwiegen die freibeweglichen Hydroxid-Ionen und färben die Universalindikator-Lösung blau.

– $H^+ + OH^- \longrightarrow H_2O$

ausführlich:

$2\,H^+ + SO_4^{2-} + 2\,Na^+ + 2\,OH^- \longrightarrow 2\,H_2O + 2\,Na^+ + SO_4^{2-}$

Eine Reaktionsgleichung in Formelschreibweise reicht nicht aus.

2.4 – *Im Text ist die Masse von Eisen gegeben, die Reaktionsgleichung enthält die Stoffmengen von Eisen und Kohlenstoffmonooxid, im Tafelwerk findet man die molare Masse von Natrium. Das molare Volumen der Gase beträgt 22,4 L ·mol^{-1}.*

Berechnung:

Reaktionsgleichung: $Fe_2O_3 + 3\,CO \longrightarrow 2\,Fe + 3\,CO_2$

Gesucht: V_1 (Kohlenstoffmonooxid)

Gegeben: m_2(Eisen) = 5 t
$n_1 = 3$ mol $V_m = 22{,}4\ L \cdot mol^{-1}$
$n_2 = 2$ mol $M_2 = 55{,}8\ g \cdot mol^{-1}$

Lösung:

$$\frac{V_1}{m_2} = \frac{n_1 \cdot V_m}{n_2 \cdot M_2}$$

$$\frac{V_1}{5\ t} = \frac{3\ mol \cdot 22{,}4\ L \cdot mol^{-1}}{2\ mol \cdot 55{,}8\ g \cdot mol^{-1}}$$

$$\frac{V_1}{5000000\ g} = \frac{3\ mol \cdot 22{,}4\ L \cdot mol^{-1}}{2\ mol \cdot 55{,}8\ g \cdot mol^{-1}}$$

$$V_1 = 3010752\ L$$

Antwortsatz: Zur Herstellung von 5 Tonnen Eisen werden rund 3 000 000 Liter Kohlenstoffmonooxid benötigt.

Alternativer Rechenweg:

1. Textanalyse:	*V*	*5 t*
	$Fe_2O_3 + 3\,CO \longrightarrow$	$2\,Fe + 3\,CO_2$
2. Stoffmenge:	*3 mol*	*2 mol*
3. molare Größe:	*22,4 L · mol^{-1}*	*55,8 g · mol^{-1}*
4. Volumen/Masse:	*67,2 L*	*111,6 g*

5. Verhältnisgleichung : $\frac{V}{67{,}2\,\mathrm{L}} = \frac{5000000\,\mathrm{g}}{111{,}6\,\mathrm{g}}$

6. Lösung und Ergebnis: *V = 3 010 752 L*

7. Antwortsatz: *Zur Herstellung von 5 Tonnen Eisen werden rund 3 000 000 Liter Kohlenstoffmonooxid benötigt.*

BE

3.1 Die Menge der uns umgebenden Stoffe ist sehr groß und wächst durch neue Erkenntnisse ständig.

- Ordnen Sie die folgenden Stoffe den Reinstoffen oder Stoffgemischen zu: Erdöl, Gold, Meerwasser, Traubenzucker, Kochsalz und Kohle.
- Begründen Sie Ihre Zuordnung für Erdöl. 5

3.2 Die meisten Rohstoffe sind Stoffgemische und können in ihre Bestandteile getrennt werden. Dabei werden Eigenschafen der Stoffe genutzt.

- Übernehmen Sie die folgende Tabelle in Ihre Arbeit und ergänzen Sie diese.

Trennverfahren	**zur Trennung genutzte Eigenschaft**	**geeignet für**
	Teilchengröße	
		Meerwasserentsalzung
Dekantieren		

3

3.3 **Experiment:** Unterscheidung von Stoffgemischen
Im Rahmen eines Eignungstests sollen drei Stoffgemische durch geschicktes Experimentieren erkannt werden.

Sie erhalten Stoffgemische mit folgender Zusammensetzung:

Kochsalz Kristallzucker	Citronensäure Kochsalz	Kristallzucker Citronensäure

Ermitteln Sie experimentell, welche Stoffgemische sich in den Gefäßen A, B und C befinden.

- Planen Sie Ihr Vorgehen und legen Sie Ihren Plan dem Lehrer vor.
- Führen Sie das Experiment durch.
- Notieren Sie Ihre Beobachtungen.
- Ordnen Sie die Stoffgemische dem jeweiligen Gefäß zu.
- Entwickeln Sie für einen möglichen Nachweis die Reaktionsgleichung in verkürzter Ionenschreibweise. 11

3.4 Bei einem Stadtfest kommen propanbetriebene Heizstrahler zu Einsatz.

- In einer Stunde werden 0,87 kg Propan verbraucht. Berechnen Sie das Volumen von Sauerstoff, das dafür benötigt wird.

$$C_3H_8 + 5\,O_2 \longrightarrow 3\,CO_2 + 4\,H_2O$$

Die Hersteller der Heizstrahler geben zu ihren Produkten den Hinweis:
„Heizstrahler nicht in geschlossenen Räumen betreiben.“

- Begründen Sie diesen Hinweis der Hersteller. 6

25

Lösungen

3.1 – **Reinstoffe:** Gold, Traubenzucker, Kochsalz
Stoffgemische: Erdöl, Meerwasser, Kohle

– Erdöl ist ein Gemisch verschiedener Kohlenwasserstoffe. Im Rohöl sind noch Verunreinigungen, z. B. durch Schwefel, enthalten.

3.2 – *Tragen Sie wie gefordert die Antworten in die vorgegebene Tabelle ein. Nutzen Sie treffende Beispiele aus dem Alltag oder bekannte Experimente.*

Trennverfahren	zur Trennung genutzte Eigenschaft	geeignet für
Sieben	Teilchengröße	**Komposterde**
Verdampfen	**unterschiedliche Siedetemperatur**	Meerwasserentsalzung
Dekantieren	**unterschiedliche Dichte**	**Abwasseraufbereitung**

3.3 *Aus den drei Stoffen Kochsalz, Kristallzucker und Citronensäure sind drei unterschiedliche Gemische bereitet, die jeweils zwei Komponenten enthalten. Sie haben den Auftrag, experimentell den Gefäßen A, B und C die Stoffgemische zuzuordnen.*

– **Plan:** Jedes Stoffgemisch wird in verschiedenen Gefäßen in Wasser gelöst. Es werden jeweils Stoffportionen der Lösungen entnommen und weiter untersucht. Die beiden Stoffgemische, die Citronensäure enthalten, können mit Universalindikator-Lösung erkannt werden, weil sie diese rot färben. Die Lösung, die das Gemisch Kochsalz-Kristallzucker enthält, hat keinen Einfluss auf Universalindikator-Lösung. Lösungen, die Kochsalz enthalten, können mithilfe von Silbernitrat-Lösung erkannt werden: Die in der Kochsalz-Lösung enthaltenen Chlorid-Ionen ergeben mit Silber-Ionen einen weißen Niederschlag.

– *Führen Sie das geplante Experiment durch. Beachten Sie den Arbeitsschutz.*

– *Annahme, die in der Aufgabenstellung angegebene Reihenfolge entspricht der Kennzeichnung A, B und C.*

– **Beobachtungen:**

	A	**B**	**C**
Überprüfung mit Universalindikator-Lösung	grün	rot	rot
Überprüfung mit Silbernitrat-Lösung	weißer Niederschlag	weißer Niederschlag	farblose, klare Lösung

– Das Stoffgemisch A besteht aus Kochsalz und Kristallzucker, das Stoffgemisch B aus Citronensäure und Kochsalz und schließlich das Stoffgemisch C aus Kristallzucker und Citronensäure.

– $Ag^+ + Cl^- \longrightarrow AgCl$

3.4 *Im Text ist die Masse von Propan gegeben, die Reaktionsgleichung enthält die Stoffmengen von Propan und Sauerstoff, im Tafelwerk findet man die molare Masse von Propan. Das molare Volumen der Gase beträgt 22,4 L · mol⁻¹.*

– **Berechnung:**

Reaktionsgleichung: $C_3H_8 + 5\,O_2 \longrightarrow 3\,CO_2 + 4\,H_2O$

Gesucht: V_1 (Sauerstoff)

Gegeben: $m_2(\text{Propan}) = 0{,}87\ \text{kg}$

$n_1 = 5\ \text{mol}$ $V_m = 22{,}4\ \text{L} \cdot \text{mol}^{-1}$

$n_2 = 1\ \text{mol}$ $M_2 = 44{,}1\ \text{g} \cdot \text{mol}^{-1}$

Lösung:

$$\frac{V_1}{m_2} = \frac{n_1 \cdot V_m}{n_2 \cdot M_2}$$

$$\frac{V_1}{870\ \text{g}} = \frac{5\ \text{mol} \cdot 22{,}4\ \text{L} \cdot \text{mol}^{-1}}{1\ \text{mol} \cdot 44{,}1\ \text{g} \cdot \text{mol}^{-1}}$$

$$V_1 = 2\,209{,}52\ \text{L}$$

Antwortsatz: In einer Stunde werden zur Verbrennung von 0,87 kg Propan rund 2 210 Liter Sauerstoff verbraucht.

Alternativer Rechenweg:

1. Textanalyse: *0,87 kg* *V*

$C_3H_8 + 5\,O_2 \longrightarrow 3\,CO_2 + 4\,H_2O$

2. Stoffmenge: *1 mol* *5 mol*

3. molare Größe: $44{,}1\ g \cdot mol^{-1}$ $22{,}4\ L \cdot mol^{-1}$

4. Volumen/Masse: *44,1 g* *112 L*

5. Verhältnisgleichung: $$\frac{870\ g}{44{,}1\ g} = \frac{V}{112\ L}$$

6. Lösung und Ergebnis: $V = 2\,209{,}52\ L$

7. Antwortsatz: *In einer Stunde werden zur Verbrennung von 0,87 kg Propan rund 2 210 Liter Sauerstoff verbraucht.*

– Da eine große Menge Sauerstoff für die Verbrennung von Propan verbraucht wird, besteht für die Menschen in geschlossenen Räumen durch den Sauerstoffmangel Erstickungsgefahr.

Realschulabschluss 2017 Chemie (Sachsen)
Wahlaufgabe 4: Ionensubstanzen als chemische Verbindungen

BE

4.1 Ionensubstanzen sind chemische Verbindungen.

- Notieren Sie Name und Formel von zwei chemischen Verbindungen, die zu den Ionensubstanzen gehören.
- Erläutern Sie den Begriff chemische Verbindung an einem Beispiel. 4

4.2 Lesen Sie den Text „Calciumsulfat“ und bearbeiten Sie die nachstehenden Aufgaben.

> **Calciumsulfat**
>
> Calciumsulfat ist ein weißer, geruchloser Feststoff. Er löst sich sehr schwer in Wasser. In einem Liter Wasser lösen sich bei 20 °C ca. zwei Gramm. Bei einer Temperatur von 800 °C zersetzt sich Calciumsulfat. Dabei entstehen Calciumoxid und Schwefeltrioxid.
>
> Calciumsulfat wird im Handel unter der Bezeichnung Gips verkauft. Chemisch ist diese Bezeichnung nicht ganz korrekt, da Gips erst entsteht, wenn das Calciumsulfat mit Wasser reagiert.
>
> Nach dem Trocknen weist Gips eine hohe Härte auf, deshalb wird er z. B. in der Bauindustrie als Estrich für Fußböden verwendet. Auch bei der Stabilisation von Knochenbrüchen und zur Herstellung von Gipsmodellen werden die besonderen Eigenschaften von Gips genutzt.

- Stellen Sie drei der im Text genannten Eigenschaften von Calciumsulfat den Eigenschaften von Natriumchlorid gegenüber.
- Geben Sie je eine Verwendungsmöglichkeit für Calciumsulfat und Natriumchlorid an.
- Stellen Sie für das Calciumsulfat einen Zusammenhang zwischen einer Eigenschaft und einer Verwendung her. 7

4.3 **Experiment:** Identifizierung eines Sulfates und eines Carbonates

In drei mit A, B und C gekennzeichneten Gefäßen befinden sich weiße pulverförmige Stoffe.

Identifizieren Sie das Sulfat und das Carbonat.

- Planen Sie Ihr Vorgehen und legen Sie Ihren Plan dem Lehrer vor.
- Führen Sie das Experiment durch.
- Notieren Sie Ihre Beobachtungen.
- Geben Sie an, in welchem Gefäß sich das Sulfat bzw. das Carbonat befindet.
- Entwickeln Sie die Reaktionsgleichung für den Nachweis des Sulfat-Ions in verkürzter Ionenschreibweise. 10

4.4 Calciumsulfat entsteht bei vielen chemischen Prozessen.

$$H_2SO_4 + CaCO_3 \longrightarrow CaCO_4 + H_2O + CO_2$$

– Berechnen Sie die Masse an Calciumsulfat, die bei der chemischen Reaktion von Schwefelsäure mit 6 kg Calciumcarbonat entsteht. 4

25

Lösungen

4.1 *Aus dem Tafelwerk können Sie zahlreiche Beispiele von Namen und Formel für Ionensubstanzen entnehmen. Wählen Sie zweckmäßigerweise Beispiele aus, die ausführlich im Unterricht behandelt wurden; z. B.:*

– Natriumchlorid NaCl, Kaliumchlorid KCl,

alternativ:
Magnesiumoxid MgO, Natriumhydroxid NaOH …

– *Beachten Sie den Operator „Erläutern“. Sie müssen sich nicht zwingend auf ein oben genanntes Beispiel beziehen.*

Chemische Verbindungen sind Reinstoffe, die aus mindestens zwei verschiedenen Atomarten, also zwei chemischen Elementen, aufgebaut sind. Die chemische Verbindung Natriumchlorid ist aus den Atomarten Natrium und Chlor aufgebaut.

alternatives Beispiel:
Die chemische Verbindung Wasser ist aus den Elementen Wasserstoff und Sauerstoff aufgebaut.

4.2 – *Entnehmen Sie drei Eigenschaften von Calciumsulfat dem Text und stellen Sie diese den Eigenschaften von Natriumchlorid gegenüber. Es biete sich an, hier eine Tabelle zu entwickeln:*

Eigenschaft	**Calciumsulfat**	**Natriumchlorid**	**Vergleich**
Farbe	weiß	weiß	Gemeinsamkeit
Geruch	geruchlos	geruchlos	Gemeinsamkeit
Löslichkeit in Wasser	sehr gering	gut	Unterschied

alternativ:
Aggregatszustand „fest“ als Gemeinsamkeit

In Satzform: Calciumsulfat und Natriumchlorid sind beide weiße Feststoffe. Calciumsulfat ist schwer in Wasser löslich, Natriumchlorid dagegen gut.

– Calciumsulfat kann zur Herstellung von Estrich verwendet werden. Natriumchlorid wird als Konservierungsstoff eingesetzt.

alternativ:
Calciumsulfat: Herstellen von Modellen, in der Medizin zur Stabilisierung von Knochenbrüchen;
Natriumchlorid: Würzmittel, Herstellung von Natriumhydroxid;

– Weil Gips nach dem Trocknen eine hohe Festigkeit aufweist, kann er als Estrich für Fußboden verwendet werden.

4.3 – **Plan:** Carbonate werden durch Säuren zersetzt. Dabei entsteht als ein Reaktionsprodukt das Gas Kohlenstoffdioxid. Auf eine Stoffprobe jeder Substanz gebe ich einige Tropfen verdünnte Salzsäure. Bei dem Carbonat müsste eine Gasentwicklung zu beobachten sein. Sulfat-Ionen in einer Lösung können mit Bariumchlorid-Lösung nachgewiesen werden. Dabei entsteht ein weißer Niederschlag. Ich löse jeweils eine Stoffportion in Wasser und versetze die Lösung mit Bariumchlorid-Lösung.

– *Führen Sie das geplante Experiment durch. Beachten Sie den Arbeitsschutz.*

– **Beobachtungen:**

Es bietet sich an, hier eine Tabelle zu entwickeln.

	Stoff A	**Stoff B**	**Stoff C**
Versetzen mit verdünnter Salzsäure	Gasentwicklung, Zischen	keine Beobachtung	keine Beobachtung
Lösen in Wasser, Versetzen mit Bariumchlorid-Lösung	keine Über-prüfung notwendig	gut in Wasser löslich, klare Lösung	gut in Wasser löslich, weißer Niederschlag

– Das Carbonat ist im Gefäß A, das Sulfat befindet sich im Gefäß C.

– $Ba^{2+} + SO_4^{2-} \longrightarrow BaSO_4$

4.4 *Im Text ist die Masse von Calciumcarbonat gegeben, die Reaktionsgleichung enthält die Stoffmengen von Calciumcarbonat und Calciumsulfat, im Tafelwerk findet man die molaren Massen von Calciumcarbonat und Calciumsulfat.*

– **Berechnung:**

Reaktionsgleichung: $H_2SO_4 + CaCO_3 \longrightarrow CaSO_4 + H_2O + CO_2$

Gesucht: m_1 (Calciumcarbonat)

Gegeben: m_2(Calciumcarbonat) = 6 kg

$n_1 = 1\ \text{mol} \qquad M_1 = 136{,}1\ \text{g} \cdot \text{mol}^{-1}$

$n_2 = 1\ \text{mol} \qquad M_2 = 100{,}1\ \text{g} \cdot \text{mol}^{-1}$

Lösung:

$$\frac{m_1}{m_2} = \frac{n_1 \cdot M_1}{n_2 \cdot M_2}$$

$$\frac{m_1}{6\ \text{kg}} = \frac{1\ \text{mol} \cdot 136{,}1\ \text{g} \cdot \text{mol}^{-1}}{1\ \text{mol} \cdot 100{,}1\ \text{g} \cdot \text{mol}^{-1}}$$

$$m_1 = 8{,}1578\ \text{kg}$$

Antwortsatz: Bei der chemischen Reaktion von 6 kg Calciumcarbonat entstehen rund 8,2 kg Calciumsulfat.

Alternativer Rechenweg:

1. Textanalyse:	*6 kg*	*m*
	$H_2SO_4 + CaCO_3 \longrightarrow$	$CaSO_4 + H_2O + CO_2$
2. Stoffmenge:	*1 mol*	*1 mol*
3. molare Größe:	$100{,}1\ g \cdot mol^{-1}$	$136{,}1\ g \cdot mol^{-1}$
4. Volumen/Masse:	*100,1 g*	*136,1 g*

5. Verhältnisgleichung : $\frac{6\ \text{kg}}{100{,}1\ g} = \frac{m}{136{,}1\ g}$

6. Lösung und Ergebnis: $m = 8{,}1578\ kg$

7. Antwortsatz: *Bei der chemischen Reaktion von 6 kg Calciumcarbonat entstehen rund 8,2 kg Calciumsulfat.*

Realschulabschluss 2018 Chemie (Sachsen)
Pflichtaufgabe 1: Stoffe – Teilchen – Chemische Reaktionen

BE

1.1 Ihnen werden folgende Experimente demonstriert:
Die Stoffproben A Gurke, B Apfel und C Kartoffel werden nacheinander auf das Vorhandensein von Glucose geprüft.

- Notieren Sie Ihre Beobachtungen und werten Sie diese aus.
- Geben Sie das Nachweismittel für Glucose an.
- Entwickeln Sie einen Steckbrief für Glucose mit vier Eigenschaften und einer Bedeutung. 7

1.2 Glucose gehört zu den Molekülsubstanzen.

- Geben Sie zwei weitere Beispiele für Molekülsubstanzen an.
- Notieren und beschreiben Sie die in einem Molekül vorliegende Bindungsart.
- Übernehmen Sie die Tabelle in Ihre Arbeit und ergänzen Sie die fehlenden Angaben für Glucose.

Summenformel	**enthaltene Elemente**	**chemisches Zeichen des Ions**
	Kohlenstoff C	X

- Wählen Sie ein Element aus der Tabelle aus und leiten Sie drei Aussagen zum Atombau aus dessen Stellung im Periodensystem der Elemente ab. 11

1.3 Glucose ist der Ausgangsstoff für die alkoholische Gärung, dabei entsteht neben dem Alkohol auch Kohlenstoffdioxid.

- Entwickeln Sie die Reaktionsgleichung für die alkoholische Gärung.
- Erläutern Sie an diesem Beispiel ein Merkmal chemischer Reaktionen.
- Notieren Sie ein weiteres Merkmal chemischer Reaktionen.
- Geben Sie zwei Reaktionsbedingungen an, die den Verlauf chemischer Reaktionen beeinflussen. 7

25

Lösungen

1.1 *Es ist davon auszugehen, dass das Demonstrationsexperiment in folgender Weise vorgeführt wurde: Die benannten Stoffproben A Gurke, B Apfel und C Kartoffel werden in zerkleinerter Form jeweils in ein Reagenzglas gegeben, mit einer blauen Nachweislösung versetzt und vorsichtig erhitzt.*

- **Beobachtungen:** Die Gemische A und C bleiben bläulich. Das Gemisch B verfärbt sich orange und es setzt sich ein Niederschlag ab.

  Unter Umständen kann es passieren, dass sich auch das Gemisch A leicht verfärbt.

- Das Nachweismittel für Glucose (Traubenzucker) ist FEHLINGsche-Lösung.

- *Beachten Sie die geforderte Form Steckbrief und die jeweils geforderte Anzahl an Angaben.*

  Steckbrief Glucose
  Eigenschaften: fest, weiß, pulvrig, gut in Wasser löslich

  weitere Möglichkeiten: süßer Geschmack; geringe Schmelztemperatur; verfärbt sich beim Erhitzen zunächst gelblich, dann braun, schließlich schwarz, entwickelt dabei übelriechende Gase; Dichte 1,54 $g \cdot cm^{-3}$; Schmelztemperatur 146 °C; molare Masse 180 $g \cdot mol^{-1}$

  Bedeutung: Energielieferant der Körperzellen

  weitere Möglichkeiten: Süßungsmittel; Ausgangsstoff der alkoholischen Gärung

1.2 – z. B. Wasser, Wasserstoff, Kohlenstoffdioxid, Schwefel, Methan, Ethen

- *Beachten Sie, dass Sie die Art der chemischen Bindung benennen und beschreiben müssen.*

  In Molekülen liegt Atombindung vor. Die Atombindung beruht auf der Ausbildung gemeinsamer Elektronenpaare.

Summenformel	enthaltene Elemente	chemisches Zeichen des Ions
$C_6H_{12}O_6$	Kohlenstoff C	
	Wasserstoff H	H^+
	Sauerstoff O	O^{2-}

- *Sie können sich für eines der drei Elemente entscheiden. Beachten Sie insbesondere, dass Sie die Aussagen zum Atombau aus der Stellung des Elements im Periodensystem der Elemente ableiten müssen.*

  Beispiel: Kohlenstoff
  Im Periodensystem der Elemente hat das Element Kohlenstoff die Ordnungszahl 6, deshalb hat das Kohlenstoffatom 6 Protonen. Aus der Hauptgruppennummer IV schlussfolgere ich, dass das Kohlenstoffatom 4 Außenelektronen hat. Die Periodennummer 2 gibt mir an, dass das Kohlenstoffatom 2 besetzte Elektronenschalen hat.

alternativ:
Beispiel: Wasserstoff
Im Periodensystem der Elemente hat das Element Wasserstoff die Ordnungszahl 1, deshalb hat das Wasserstoffatom 1 Proton. Aus der Hauptgruppennummer I schlussfolgere ich, dass das Wasserstoffatom 1 Außenelektron hat. Die Periodennummer 1 gibt mir an, dass das Wasserstoffatom 1 besetzte Elektronenschale hat.

alternativ:
Beispiel: Sauerstoff
Im Periodensystem der Elemente hat das Element Sauerstoff die Ordnungszahl 8, deshalb hat das Sauerstoffatom 8 Protonen. Aus der Hauptgruppennummer VI schlussfolgere ich, dass das Sauerstoffatom 6 Außenelektronen hat. Die Periodennummer 2 gibt mir an, dass das Sauerstoffatom 2 besetzte Elektronenschalen hat.

1.3 – $C_6H_{12}O_6 \longrightarrow 2\,C_2H_5OH + 2\,CO_2$

– *Beachten Sie den Operator „Erläutern".*

Bei einer chemischen Reaktion findet eine Stoffumwandlung statt: Aus einem weißen Pulver entstehen eine farblose Flüssigkeit mit charakteristischem Geruch und ein farbloses Gas, das eine erstickende Wirkung hat.

alternativ:
Bei einer chemischen Reaktion findet eine Energieumwandlung statt. Ein Teil der chemischen Energie des Ausgangsstoffs Glucose wird in Wärmeenergie umgewandelt.

alternativ:
Bei einer chemischen Reaktion findet eine Teilchenveränderung statt: Das Glucosemolekül ist aus 6 Kohlenstoffatomen, 12 Wasserstoffatomen und 6 Sauerstoffatomen aufgebaut, im Gegensatz dazu ist das Kohlenstoffdioxidmolekül aus einem Kohlenstoffatom und 2 Sauerstoffatomen aufgebaut.

alternativ:
Bei einer chemischen Reaktion findet eine Veränderung der chemischen Bindung statt: Im Glucosemolekül sind die 6 Kohlenstoffatome untereinander durch gemeinsame Elektronenpaare verbunden. Im Kohlenstoffdioxidmolekül ist jeweils ein Kohlenstoffatom mit zwei Sauerstoffatomen durch gemeinsame Elektronenpaare verbunden.

– *Je nach Ihrer Auswahl im vorangegangenen Antwortteil, geben Sie ein weiteres Merkmal einer chemischen Reaktion an.*

- Stoffumwandlung
- Energieumwandlung
- Änderung der Teilchen
- Änderung der chemischen Bindungen

– Der Verlauf einer chemischen Reaktion wird durch Temperatur und Konzentration der reagierenden Stoffe beeinflusst.

weitere Möglichkeiten: Zerteilungsgrad der Stoffe; Einsatz eines Katalysators; Druck (bei Reaktionen von gasförmigen Stoffen)

BE

2.1 **Experiment:**
Medikamente enthalten zahlreiche chemische Verbindungen. Aspirin hat sich als schmerz- und entzündungshemmendes Mittel seit 120 Jahren bewährt.

Wirkstoffe	**Hilfsstoffe**
Acetylsalicylsäure Ascorbinsäure	Natriumcarbonat Citronensäure

Sie erhalten eine Stoffprobe Aspirin. Überprüfen Sie diese auf ihre saure Eigenschaft und das Vorhandensein des Carbonates.

- Planen Sie Ihr experimentelles Vorgehen und legen Sie Ihren Plan dem Lehrer vor.
- Führen Sie die Experimente durch.
- Notieren Sie Ihre Beobachtungen.
- Werten Sie Ihre Beobachtungen aus. 8

2.2 Lesen Sie den Text „Natriumcarbonat – Salz der Kohlensäure" und bearbeiten Sie die nachstehenden Aufgaben.

Natriumcarbonat – Salz der Kohlensäure

Natriumcarbonat wird auch als reines Soda oder kohlensaures Natron bezeichnet. Es ist ein Salz der Kohlensäure. Natürliche Vorkommen müssen gereinigt und umkristallisiert werden. Das so hergestellte Natriumcarbonat ist eine weiße, kristalline und gut wasserlösliche Substanz.

Natriumcarbonat wird mithilfe des Solvay-Verfahrens in zwei Schritten hergestellt. Im ersten Schritt werden Ammoniak und Kohlenstoffdioxid in eine gesättigte Natriumchloridlösung eingeleitet. Im zweiten Schritt wird das entstandene Natriumhydrogencarbonat im Drehofen durch Zufuhr von Energie thermisch zersetzt. Dabei entstehen Natriumcarbonat, Wasser und Kohlenstoffdioxid. Jährlich werden so weltweit 40 Millionen Tonnen Natriumcarbonat hergestellt. In der Glasindustrie verwendet man Soda zur Herstellung von Glasschmelzen, in der Papier- und Zellstoffindustrie unter anderem zur Aufbereitung von Altpapier. Als Reinigungsmittel findet es im Haushalt Verwendung.

Quelle: Wikipedia, 14. 11. 2017 (bearbeitet)

- Stellen Sie drei der im Text genannten Eigenschaften von Natriumcarbonat denen von Natriumchlorid gegenüber.
- Notieren Sie je zwei Verwendungsmöglichkeiten von Natriumcarbonat und von Natriumchlorid.

Die im Text beschriebene Herstellung von Natriumcarbonat kann durch folgende Reaktionsgleichung dargestellt werden.

$$2\,NaHCO_3 \longrightarrow Na_2CO_3 + H_2O + CO_2$$

- Berechnen Sie die Masse von Natriumcarbonat, die aus 2 Tonnen Natriumhydrogencarbonat hergestellt werden kann. 10

2.3 Salzsäure ist Bestandteil der Magensäure. Aufsteigende Magensäure verursacht Sodbrennen. Medikamente gegen Sodbrennen enthalten oft Magnesiumhydroxid.

- Entwickeln Sie die Reaktionsgleichung für die Reaktion von Magnesiumhydroxid mit Salzsäure.
- Ordnen Sie diese chemische Reaktion einer Reaktionsart zu.
- Erläutern Sie das Wesen dieser Reaktion.
- Notieren Sie zwei weitere Anwendungsmöglichkeiten für diese Reaktionsart. 7

25

Lösungen

2.1 **Experiment:**

– **Plan:** Die saure Eigenschaft einer Lösung kann ich mit einem Indikator, z. B. Universalindikator-Lösung oder -Papier, nachweisen. Dabei müsste eine Rotfärbung des Nachweismittels auftreten. Zuerst werde ich eine Stoffprobe Aspirin in Wasser lösen und dann mit dem Nachweismittel versetzen.
Carbonate werden durch stärkere Säuren zersetzt, dabei entsteht das Gas Kohlenstoffdioxid. Ich werde etwas verdünnte Chlorwasserstoffsäure (Salzsäure) auf den Feststoff tropfen.

Variante: Wurde Ihnen im Unterricht der Nachweis von Carbonat-Ionen vermittelt (kein obligatorischer Inhalt des Lehrplans) könnten Sie auch planen, die Carbonat-Ionen mit Barium-Ionen nachzuweisen. Dabei müsste sich in der Lösung ein weißer Niederschlag bilden:
Ich werde die Lösung aufteilen und diese in einem zweiten Reagenzglas mit Bariumhydroxid-Lösung versetzen.

Ich fordere Wasser als Lösungsmittel, Universalindikator-Lösung und verdünnte Chlorwasserstoffsäure *(Variante: Bariumhydroxid-Lösung)* an.

– *Führen Sie das geplante Experiment durch. Beachten Sie den Arbeitsschutz.*

Beobachtungen: Zunächst entsteht eine farblose Lösung. Durch die Zugabe des Indikators färbt sich die Lösung rot.
Tropft man verdünnte Chlorwasserstoffsäure auf das Aspirinpulver hört man ein Zischen und sieht ein Aufschäumen, es entsteht also ein Gas.

Variante: Beim Zutropfen der Bariumhydroxid-Lösung bildet sich ein weißer Niederschlag.

– **Auswertung:** Die Rotfärbung von Universalindikator-Lösung bestätigt, dass Aspirin eine saure Eigenschaft hat.
Durch das Zersetzen mittels verdünnter Chlorwasserstoffsäure ist das Vorhandensein eines Carbonates bestätigt.

Variante: Mithilfe von Bariumhydroxid-Lösung wurden Carbonat-Ionen nachgewiesen.

2.2 – *Den Vergleich können Sie in Tabellenform vornehmen. Denken Sie an eine zusammenfassende Aussage.*

Eigenschaft	Natriumcarbonat	Natriumchlorid
Farbe	weiß	weiß
Beschaffenheit	kristallin	kristallin
Löslichkeit in Wasser	gut	gut

In den drei Eigenschaften stimmen Natriumcarbonat und Natriumchlorid überein.

– **Verwendung:**
- Natriumcarbonat: Herstellung von Glasschmelzen; Aufbereitung von Altpapier; Reinigungsmittel im Haushalt
- Natriumchlorid: Würzmittel; Konservierungsstoff; Ausgangsstoff zur Herstellung von Chemikalien (z. B. Natronlauge, Chlor)

Je zwei Angaben reichen aus.

– *Im Text ist die Masse von Natriumhydrogencarbonat gegeben. Die Reaktionsgleichung enthält die Stoffmengen von Natriumcarbonat und Natriumhydrogencarbonat. Im Tafelwerk findet man die molaren Massen von Natriumcarbonat und Natriumhydrogencarbonat.*

Berechnung:

Reaktionsgleichung: $2\ NaHCO_3 \longrightarrow Na_2CO_3 + H_2O + CO_2$

Gesucht: m_1 (Natriumcarbonat)

Gegeben: m_2 (Natriumhydrogencarbonat) = 6 t
$n_1 = 1$ mol $\quad M_1 = 106{,}0\ g \cdot mol^{-1}$
$n_2 = 2$ mol $\quad M_2 = 84{,}0\ g \cdot mol^{-1}$

Lösung: $$\frac{m_1}{m_2} = \frac{n_1 \cdot M_1}{n_2 \cdot M_2}$$

$$\frac{m_1}{2\ t} = \frac{1\ mol \cdot 106{,}0\ g \cdot mol^{-1}}{2\ mol \cdot 84{,}0\ g \cdot mol^{-1}}$$

$$m_1 = 1{,}262\ t$$

Antwortsatz: Durch die thermische Zersetzung von 2 Tonnen Natriumhydrogencarbonat können rund 1,3 Tonnen Natriumcarbonat hergestellt werden.

Alternativer Rechenweg:

1. Textanalyse:	*2 t*	*m*
	$2\ NaHCO_3 \longrightarrow$	$Na_2CO_3 + H_2O + CO_2$
2. Stoffmenge:	*2 mol*	*1 mol*
3. molare Masse:	$84{,}0\ g \cdot mol^{-1}$	$106{,}0\ g \cdot mol^{-1}$
4. Masse:	*168,0 g*	*106,0 g*

5. Verhältnisgleichung: $$\frac{2\ t}{168{,}0\ g} = \frac{m}{106{,}0\ g}$$

6. Lösung und Ergebnis: $m = 1{,}262\ t$

7. Antwortsatz: *Durch die thermische Zersetzung von 2 Tonnen Natriumhydrogencarbonat können rund 1,3 Tonnen Natriumcarbonat hergestellt werden.*

2.3 – $Mg(OH)_2 + 2\ HCl \longrightarrow MgCl_2 + 2\ H_2O$

– Diese Art der chemischen Reaktion heißt Neutralisation.

– Bei einer Neutralisation entstehen aus Hydroxid-Ionen und Wasserstoff-Ionen Wassermoleküle.

– z. B. Abwasserbehandlung, zur Ersten Hilfe bei Verätzungen, Hautpflegeprodukte, Kosmetika

Zwei Angaben reichen aus.

Realschulabschluss 2018 Chemie (Sachsen)
Wahlaufgabe 3: Chemie in unserem Alltag

BE

3.1 Zwei Schüler führen ein Streitgespräch zur Richtigkeit der folgenden Behauptungen:
a) Sauerstoff erstickt die Flamme.
b) Münzen aus reinem Gold sind magnetisch.
c) Stahl ist eine Legierung.
d) Ölflecken können mit Waschbenzin (enthält Hexan) entfernt werden.
- Entscheiden Sie, ob die Behauptungen a) bis d) richtig oder falsch sind.
- Begründen Sie Ihre Entscheidung für die Behauptung c). 4

3.2 In unserem Alltag finden vielfältige Verbrennungsreaktionen statt.
- Erläutern Sie an einem selbst gewählten Beispiel die Bedeutung derartiger Reaktionen für uns Menschen.
- Entwickeln Sie die Reaktionsgleichung für die vollständige Verbrennung von Methan. 4

3.3 **Experiment:** Erkennen chemischer Reaktionen
Eine Brausetablette wird mit Wasser versetzt. Überprüfen Sie, ob dabei eine chemische Reaktion abläuft.

Sie erhalten ein Reagenzglas mit einer grob zerkleinerten Brausetablette und ein Reagenzglas mit 5 mL Wasser sowie ein Thermometer.

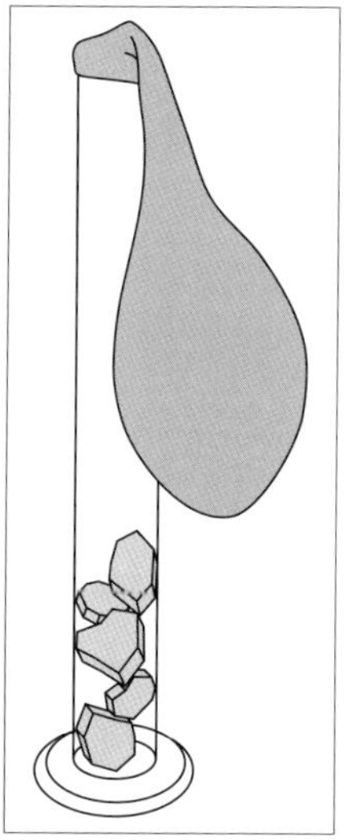

- Führen Sie die folgenden Arbeitsschritte durch:
  a) Ermitteln Sie die Wassertemperatur.
  b) Füllen Sie das Wasser in einen Luftballon.
  c) Stülpen Sie die Öffnung des Luftballons über das Reagenzglas mit der Brausetablette.
  d) Heben Sie den Luftballon an, um das Wasser in das Reagenzglas fließen zu lassen.
  e) Warten Sie ca. eine Minute und entfernen Sie anschließend den Luftballon.
  f) Ermitteln Sie die Temperatur der Flüssigkeit.
- Notieren Sie Ihre Beobachtungen.
- Entscheiden Sie, ob eine chemische Reaktion stattfand.
- Begründen Sie Ihre Entscheidung. 7

3.4 Zur Abgasreinigung werden in Fahrzeugen Katalysatoren eingesetzt. Im SCR-Katalysator erfolgt die Reduktion der Stickoxide zu Stickstoff und Wasserdampf.

$$4\,NH_3 + 4\,NO + O_2 \longrightarrow 4\,N_2 + 6\,H_2O$$

- Berechnen Sie die Masse von Wasser, die bei der Reaktion von 14 Liter Stickstoffmonooxid entsteht. 4

3.5 Im Chemieunterricht nutzt man verschiedene Fachbegriffe.

	Fachbegriff
1	Atom
2	Ion
3	Kohlenwasserstoff
4	Indikator
5	Lauge
6	Salzlösung

	Umschreibung
A	elektrisch positiv oder negativ geladenes Teilchen
B	chemische Verbindung, die aus Wasserstoffatomen und Kohlenstoffatomen aufgebaut ist
C	wässrige Lösung, die positiv geladene Metall-Ionen und negativ geladene Hydroxid-Ionen enthält
D	Teilchen, die nach außen elektrisch neutral sind
E	wässrige Lösung, die positiv geladene Metall-Ionen und negativ geladene Säurerest-Ionen enthält
F	ein Stoff, der durch Farbänderung das Vorhandensein von Ionen anzeigt

- Ordnen Sie den Fachbegriffen (1 bis 6) die richtige Umschreibung (A bis F) zu.
- Notieren Sie für einen Fachbegriff ein Beispiel.
- Formulieren Sie für die Fachbegriffe **Reduktionsmittel** und **Oxid** je eine geeignete Umschreibung.

$\frac{6}{25}$

Lösungen

3.1 – Die Behauptungen a) und b) sind falsch. Die Behauptungen c) und d) sind richtig.

– *Beachten Sie den Operator „Begründen“.*

Legierungen sind Gemische von Metallen mit anderen Elementen. Stahl enthält neben dem Hauptbestandteil Eisen noch geringe Mengen an Kohlenstoff und je gewünschter Eigenschaft weitere Metalle, wie z. B. Chrom, Mangan oder Vanadium.

3.2 – *Wählen Sie aus der Vielzahl von möglichen Beispielen das aus, welches Sie auch erläutern können.*

Beispiel: Verbrennen von Methan
Methan ist Hauptbestandteil des Erdgases, welches wir im Chemieunterricht für den Gasbrenner nutzen. So können wir selbstständig Experimente durchführen und eignen uns wissenschaftliche Kenntnisse an.

alternativ:
Beispiel: Verbrennen von Holzkohle
Mit der dabei entstehenden Wärme können wir leckere Speisen zubereiten.

alternativ:
Beispiel: Thermische Zersetzung von Kalkstein
Durch die Verbrennung von Koks (Kohlenstoff) entsteht Wärme, die den Kalkstein (Calciumcarbonat) zersetzt. Als ein Reaktionsprodukt entsteht Branntkalk (Calciumoxid), der als Ausgangsstoff für Baustoffe und Düngemittel dient.

– $CH_4 + 2\,O_2 \longrightarrow CO_2 + 2\,H_2O$

3.3 **Experiment:**

– *Arbeiten Sie entsprechend dem angegebenen Experimentierauftrag.*

– **Beobachtungen:**
a) Temperatur des Wassers: 22 °C
d) Wenn das Wasser auf die Brausetablette trifft, tritt eine starke Gasentwicklung ein. Der Luftballon richtet sich etwas auf.
f) Temperatur des Gemisches mit den Reaktionsprodukten: 15 °C.

– Ja, es ist eine chemische Reaktion abgelaufen.

– *Beachten Sie den Operator „Begründen“.*

Bei einer chemischen Reaktion findet eine Stoffumwandlung statt. Dabei entsteht ein neuer Stoff mit neuen Eigenschaften. In diesem Experiment entsteht aus einem Feststoff und Wasser u. a. ein gasförmiger Stoff.

alternativ:
Bei einer chemischen Reaktion findet eine Energieumwandlung statt. Im vorliegenden Fall erkenne ich an der abfallenden Temperatur, dass Wärmeenergie in chemische Energie der Reaktionsprodukte umgewandelt wird.

3.4 *Im Text ist das Volumen von Stickstoffmonooxid gegeben. Die Reaktionsgleichung enthält die Stoffmengen von Wasser und Stickstoffmonooxid. Im Tafelwerk findet man die molare Masse von Wasser. Das molare Volumen der Gase beträgt 22,4* $L \cdot mol^{-1}$.

Berechnung:

Reaktionsgleichung: $4\,NH_3 + 4\,NO + O_2 \longrightarrow 4\,N_2 + 6\,H_2O$

Gesucht: m_1 (Wasser)

Gegeben: V_2(Propan) = 14 L

$n_1 = 6$ mol $m_1 = 18{,}0$ g · mol^{-1}

$n_2 = 4$ mol $V_m = 22{,}4$ L · mol^{-1}

Lösung:

$$\frac{m_1}{V_2} = \frac{n_1 \cdot M_1}{n_2 \cdot V_m}$$

$$\frac{m_1}{14\,L} = \frac{6\,mol \cdot 18{,}0\,g \cdot mol^{-1}}{4\,mol \cdot 22{,}4\,L \cdot mol^{-1}}$$

$$m_1 = 16{,}875\,g$$

Antwortsatz: Bei der Umsetzung von 14 Liter Stickstoffmonooxid im Katalysator entstehen rund 17 g Wasser.

Alternativer Rechenweg:

1. Textanalyse:	*14 L*	*m*
	$4\,NH_3 + 4\,NO + O_2 \longrightarrow 4\,N_2 + 6\,H_2O$	
2. Stoffmenge:	*4 mol*	*6 mol*
3. molare Größe:	*22,4 L · mol^{-1}*	*18,0 g · mol^{-1}*
4. Volumen/Masse:	*89,6 L*	*108 g*

5. Verhältnisgleichung: $\frac{14\,L}{89{,}6\,L} = \frac{m}{108\,g}$

6. Lösung und Ergebnis: $m = 16{,}875\,g$

7. Antwortsatz: *Bei der Umsetzung von 14 Liter Stickstoffmonooxid im Katalysator entstehen rund 17 g Wasser.*

3.5 – *Im Hinblick auf eine effektive Nutzung der Arbeitszeit sollten Sie hier auf die Übernahme der Tabellen verzichten und die Zuordnung nicht durch Pfeile vornehmen. Es reicht aus, die Kombination der Zahlen mit den Buchstaben zu notieren.*

(1; D), (2; A), (3; B), (4; F), (5; C), (6; E);

– *Zahlreiche Antworten sind möglich. Ein Beispiel reicht aus. Mögliche Angaben:*

- Atom: Wasserstoffatom H
- Indikator: Universalindikator
- Salzlösung: Kochsalz-Lösung
- Ion: Natrium-Ion Na^+
- Lauge: Natronlauge
- Kohlenwasserstoff: Methan CH_4

– Ein **Reduktionsmittel** ist der Ausgangsstoff einer Redoxreaktion, der oxidiert wird.

alternativ:
Ein Reduktionsmittel ist der Ausgangsstoff einer Redoxreaktion, der Sauerstoff aufnimmt.

Ein **Oxid** ist eine chemische Verbindung, die nur aus einem Element und Sauerstoff aufgebaut ist.

BE

4.1 Lesen Sie den Text „Gefahrgut-Unfall mit Salpetersäure“ und bearbeiten Sie die nachstehenden Aufgaben.

> **Gefahrgut-Unfall mit Salpetersäure**
>
> Der Gefahrguttransporter, der am Montagabend auf der A 24 bei Walsleben leck geschlagen ist, hatte 23 Tonnen konzentrierte Salpetersäure geladen. Die farblose Flüssigkeit wirkt stark ätzend und kann heftige Reaktionen verursachen. Feuerwehrleute versuchten, die ausgetretene Flüssigkeit aufzufangen. Da der Vorgang gefährlich ist, wurde die Autobahn in beide Richtungen gesperrt. Durch die ausgetretene Salpetersäure bildete sich ein Gas, das auch als Wolke zu sehen war.
>
> Im Kontakt mit anderen Stoffen kann Salpetersäure heftige Reaktionen auslösen. Bei Berührung mit brennbaren Stoffen besteht Feuergefahr. Organisches Material entzündet sich bei Kontakt mit Salpetersäure von selbst. Die dabei entstehenden nitrosen Gase wirken als schweres Atemgift. Auf der Haut kann die Mineralsäure schwer heilende Wunden verursachen. Flüssige Stoffe wie Aceton oder andere organische Lösungsmittel führen in der Reaktion mit Salpetersäure zu heftigen Explosionen.
>
> Salpetersäure (HNO_3) wird unter anderem zur Herstellung von Düngemitteln, Farbstoffen und Sprengstoffen eingesetzt. In der Industrie wird verdünnte Salpetersäure zur Reinigung von Flächen und Behältern verwendet.
>
> Quelle: Märkische Allgemeine Zeitung – online am 15. 08. 2017 (bearbeitet)
> www.maz-online.de/Lokales/Ostprignitz-Ruppin/So-gefaehrlich-ist-Salpetersaeure

- Erstellen Sie einen Steckbrief für konzentrierte Salpetersäure mit acht Angaben zu Eigenschaften und Verwendung.
- Begründen Sie zwei Arbeitsschutzmaßnahmen, die im Umgang mit konzentrierter Salpetersäure eingehalten werden müssen. 8

4.2 Durch chemische Reaktion der Stickstoffoxide mit Wasserdampf und Sauerstoff entsteht Salpetersäure, ein Bestandteil des sauren Regens.

$$4\,NO_2 + 2\,H_2O + O_2 \longrightarrow 4\,HNO_3$$

- Berechnen Sie die Masse von Salpetersäure, die aus 3 Liter Stickstoffdioxid entstehen kann.
- Beschreiben Sie die Schadwirkung des sauren Regens an einem Beispiel. 6

4.3 **Experiment:** Identifizierung von Stoffen
In drei mit A, B und C gekennzeichneten Gefäßen befinden sich die farblosen Lösungen von Bariumchlorid, Schwefelsäure und Salzsäure.

Ermitteln Sie experimentell, welche Stoffe sich in den Gefäßen A, B und C befinden.

Dafür steht Ihnen nur Universalindikator zur Verfügung.

- Planen Sie Ihr Vorgehen und legen Sie Ihren Plan dem Lehrer vor.
- Führen Sie die Experimente durch.

- Notieren Sie Ihre Beobachtungen in einer Tabelle.
- Ordnen Sie die Stoffe den Gefäßen A, B und C zu.
- Entwickeln Sie die Reaktionsgleichung für den Nachweis von Sulfat-Ionen in verkürzter Ionenschreibweise. $\frac{11}{25}$

Lösungen

4.1 – *Beachten Sie die geforderte Form „Steckbrief". Die acht Angaben können Sie beliebig auf Eigenschaften und Verwendung verteilen.*

Steckbrief konzentrierte Salpetersäure

Eigenschaften:

- Farbe: farblos
- Aggregatzustand: flüssig
- Wirkung: stark ätzend
- Verhalten gegenüber anderen Stoffen: sehr reaktionsfähig

alternativ:

- Brandgefahr: bei Berührung mit brennbaren Stoffen
- Explosionsgefahr: bei Kontakt mit organischen Lösungsmitteln, z. B. Aceton
- Wirkung auf die Haut: verursacht schwer heilende Wunden

Verwendung:

- Herstellung von Düngemitteln
- Herstellung von Farbstoffen
- Herstellung von Sprengstoffen
- Reinigungsmittel für Behälter

– *Nennen und begründen Sie zwei Maßnahmen zum Arbeitsschutz.*

Da konzentrierte Salpetersäure stark ätzend ist, muss Hautkontakt vermieden werden. Deshalb muss ein Schutzanzug getragen werden.
Weil konzentrierte Salpetersäure nitrose Gase entwickelt, die stark giftig sind, muss eine Atemschutzmaske getragen werden.

4.2 – *Im Text ist das Volumen von Stickstoffdioxid gegeben. Die Reaktionsgleichung enthält die Stoffmengen von Salpetersäure und Stickstoffdioxid. Im Tafelwerk findet man die molare Masse von Salpetersäure. Das molare Volumen der Gase beträgt 22,4 L · mol⁻¹.*

Berechnung:

Reaktionsgleichung: $4\,NO_2 + 2\,H_2O + O_2 \longrightarrow 4\,HNO_3$

Gesucht: m_1 (Salpetersäure)

Gegeben: $V_2(\text{Stickstoffdioxid}) = 3\text{ L}$
$n_1 = 4\text{ mol}$ $\qquad m_1 = 63{,}0\text{ g} \cdot \text{mol}^{-1}$
$n_2 = 4\text{ mol}$ $\qquad V_m = 22{,}4\text{ L} \cdot \text{mol}^{-1}$

Lösung:

$$\frac{m_1}{V_2} = \frac{n_1 \cdot M_1}{n_2 \cdot V_m}$$

$$\frac{m_1}{3\text{ L}} = \frac{4\text{ mol} \cdot 63{,}0\text{ g} \cdot \text{mol}^{-1}}{4\text{ mol} \cdot 22{,}4\text{ L} \cdot \text{mol}^{-1}}$$

$$m_1 = 8{,}4375\text{ g}$$

Antwortsatz: Aus 3 Liter Stickstoffdioxid können etwa 8,4 g Salpetersäure hergestellt werden.

Alternativer Rechenweg:

1. Textanalyse:	*3 L*	*m*
	$4\,NO_2 + 2\,H_2O + O_2 \longrightarrow$	$4\,HNO_3$
2. Stoffmenge:	*4 mol*	*4 mol*
3. molare Größe:	$22{,}4\ L \cdot mol^{-1}$	$63{,}0\ g \cdot mol^{-1}$
4. Volumen/Masse:	*89,6 L*	*252 g*

5. Verhältnisgleichung: $\frac{3\ L}{89{,}6\ L} = \frac{m}{252\ g}$

6. Lösung und Ergebnis: $m = 8{,}4375\ g$

7. Antwortsatz: *Aus 3 Liter Stickstoffdioxid können etwa 8,4 g Salpetersäure hergestellt werden.*

– Der saure Regen führt zu einer Versauerung des Bodens. Das wirkt sich negativ auf die Wachstumsbedingungen vieler Pflanzen aus. So können z. B. Nadelbäume absterben.

  alternativ:
  Durch das sauer reagierende Regenwasser werden Kalkbestandteile von Baumaterialien zersetzt und der Putz bröckelt ab.

  alternativ:
  Durch saure Lösungen werden unedle Metalle zersetzt. So verrosten Eisenkonstruktionen schneller.

4.3 **Experiment:**

Beachten Sie bei der Planung, dass ausschließlich Universalindikator als zusätzliche Chemikalie zur Verfügung steht.

– **Plan:** Saure Lösungen färben Universalindikator rot. Ich versetze deshalb jeweils Stoffproben der Chemikalien A, B und C mit Universalindikator-Lösung. Zwei Lösungen müssten sich rot färben, das sind verdünnte Schwefelsäure und verdünnte Salzsäure. Die Lösung, die mit Universalindikator grün bleibt, muss demzufolge Bariumchlorid-Lösung sein.
  Anschließend muss ich noch die beiden Säuren unterscheiden. Die Sulfat-Ionen der Schwefelsäure lassen sich mit Barium-Ionen nachweisen, dabei bildet sich ein weißer Niederschlag. Ich gebe daher von der identifizierten Bariumchlorid-Lösung wenige Tropfen in weitere Stoffproben der beiden anderen Lösungen. In einer Lösung entsteht ein weißer Niederschlag. Das ist die verdünnte Schwefelsäure.
  Zur Versuchsdurchführung benötige ich 5 Reagenzgläser, einen Reagenzglasständer und Pipetten.

– *Führen Sie das geplante Experiment durch. Beachten Sie den Arbeitsschutz.*

– *Notieren Sie die Beobachtungen wie gefordert in einer Tabelle:*

Beobachtungen:

Stoffprobe	A	B	C
Versetzen mit Universalindikator	grün	rot	rot
Versetzen mit der Stoffprobe A		weißer Niederschlag	klare Lösung

- Im Gefäß A ist Bariumchlorid-Lösung, im Gefäß B befindet sich verdünnte Schwefelsäure und in C verdünnte Salzsäure.

- *Notieren Sie die Reaktionsgleichung in verkürzter Ionenschreibweise. Formelschreibweise reicht nicht aus.*

$$Ba^{2+} + SO_4^{2-} \longrightarrow BaSO_4$$

Realschulabschluss 2019 Chemie (Sachsen)
Pflichtaufgabe 1: Stoffe – Teilchen – Chemische Reaktionen

BE

1.1 Ihnen werden folgende **Experimente** demonstriert:

In einem Gefäß befindet sich Bariumhydroxidlösung.
a) Die Bariumhydroxidlösung wird mit Universalindikator versetzt.
b) Danach wird tropfenweise Salzsäure dazugegeben.

- Notieren Sie Ihre Beobachtungen zu den Experimenten a) und b).
- Geben Sie Name und chemisches Zeichen für das im Experiment a) nachgewiesene Teilchen an.
- Ordnen Sie die im Experiment b) stattgefundene chemische Reaktion einer Reaktionsart zu.
- Begründen Sie Ihre Zuordnung.
- Geben Sie zwei Beispiele für die Anwendung dieser Reaktionsart im Alltag an. 8

1.2 Stoffe sind aus Teilchen aufgebaut.

- Vergleichen Sie den Bau eines Barium-Atoms mit dem Bau eines Barium-Ions. Geben Sie eine Gemeinsamkeit und drei Unterschiede an. 4

1.3 Wird Kohlenstoffdioxid in Calciumhydroxidlösung eingeleitet, entstehen der schwerlösliche Stoff Calciumcarbonat und Wasser.

- Übernehmen Sie die Tabelle in Ihre Arbeit und ergänzen Sie diese für zwei an der chemischen Reaktion beteiligte Stoffe.

Name und Formel des Stoffes	Stoffklasse	Bindungsart	Teilchenart
			Molekül
	Ionensubstanzen		

- Erläutern Sie ein Merkmal chemischer Reaktionen am Beispiel der chemischen Reaktion von Kohlenstoffdioxid und Calciumhydroxidlösung.
- Notieren Sie zwei weitere Merkmale chemischer Reaktionen. 6

1.4 Metallhydroxide entstehen durch die chemische Reaktion von Metalloxiden mit Wasser.

- Entwickeln Sie die Reaktionsgleichung für die chemische Reaktion von Natriumoxid (Na_2O) mit Wasser.
- Erstellen Sie von dem dabei entstehenden Metallhydroxid einen Steckbrief mit vier Angaben zu Eigenschaften und zwei Angaben zu Verwendungsmöglichkeiten. 7

25

Lösungen

1.1 *Es ist davon auszugehen, dass die Demonstrationsexperimente in folgender Weise vorgeführt wurden: In das Gefäß mit Bariumhydroxidlösung wird im Experiment a) Universalindikatorlösung zugegeben. Das Gemisch wird leicht geschwenkt oder geschüttelt. Anschließend wird im Experiment b) Salzsäure tropfenweise zugegeben. Dabei wird das Gefäß ebenfalls leicht geschwenkt oder geschüttelt.*

- **Beobachtungen:**
  Im **Experiment a)** verfärbt sich das Gemisch bei Zugabe von Universalindikatorlösung blau.
  Beim **Experiment b)** ist zunächst keine Veränderung zu beobachten. Mit zunehmender Tropfenzahl der Salzsäure verfärbt sich das Gemisch grün.

  Wird Salzsäure im Überschuss zugegeben, kann auch eine Verfärbung zu Gelb, Orange oder Rot erfolgen.
- Im **Experiment a)** wurde das Hydroxidion OH^- nachgewiesen.
- Im **Experiment b)** ist eine Neutralisation abgelaufen.
- *Beachten Sie den Operator „Begründen“ und beziehen Sie Ihre Aussagen auf das Experiment.*

  Bei einer Neutralisation reagieren Hydroxidionen und Wasserstoffionen zu Wassermolekülen. Bei der demonstrierten Reaktion stammen die Hydroxidionen aus der Bariumhydroxidlösung und die Wasserstoffionen aus der Salzsäure.
- Beispiele für Neutralisationen im Alltag sind die Abwasseraufbereitung und die Behandlung von Sodbrennen.

  alternativ, z. B.:
  Kalken von sauren Böden, Herstellung von Seifen und Hautpflegemitteln, Entsorgung von Chemikalien

1.2 **Gemeinsamkeit:** Das Barium-Atom und das Barium-Ion besitzen jeweils 56 Protonen im Kern.

Unterschiede: Das Barium-Atom hat 56 Elektronen, das Ion dagegen nur 54. Die Anzahl der besetzten Elektronenschalen beträgt beim Barium-Atom 6, beim Barium-Ion nur 5. Beim Barium-Ion ist die äußere Elektronenschale mit 8 Außenelektronen stabil besetzt, beim Barium-Atom sind es 2 Außenelektronen.

Der Unterschied „Das Barium-Atom ist elektrisch neutral geladen, das Ion elektrisch zweifach positiv.“ wäre keine Aussage zum Bau der Teilchen. Diese Lösung wäre im Sinne der Aufgabenstellung also nicht korrekt.

1.3 – *Beachten Sie die genannten Stoffe und die Vorgaben in der Tabelle.*

Name und Formel des Stoffes	Stoffklasse	Bindungsart	Teilchenart
Kohlenstoffdioxid CO_2	Molekülsubstanzen	Atombindung	Molekül
Calciumhydroxid $Ca(OH)_2$	Ionensubstanzen	Ionenbindung	Ionen

alternativ:

Name und Formel des Stoffes	Stoffklasse	Bindungsart	Teilchenart
Wasser H_2O	Molekülsubstanzen	Atombindung	Molekül
Calciumcarbonat $CaCO_3$	Ionensubstanzen	Ionenbindung	Ionen

– *Beachten Sie den Operator „Erläutern".*

Bei chemischen Reaktionen finden Stoffumwandlungen statt. Aus dem farblosen Gas Kohlenstoffdioxid und der farblosen Calciumhydroxidlösung entsteht u. a. ein weißer, schwer löslicher Stoff.

– Energieumwandlung, Änderung der Teilchen

alternativ, z. B.:
Änderung der chemischen Bindung

1.4 – $Na_2O + H_2O \longrightarrow 2\,NaOH$

– *Beachten Sie die geforderte Form „Steckbrief" und die jeweils geforderte Anzahl der Angaben.*

Steckbrief Natriumhydroxid

Eigenschaften: fest, weiß, gut in Wasser löslich, ätzende Wirkung

alternativ, z. B.:
hygroskopisch; Feststoff nicht elektrisch leitfähig, jedoch die Lösung und die Schmelze; Schmelztemperatur 322 °C; Siedetemperatur 1 378 °C

Verwendung: Herstellung von Seifen, Bestandteil von Reinigungsmitteln (z. B. Rohrreiniger)

alternativ, z. B.:
Herstellung von Laugengebäck

Realschulabschluss 2019 Chemie (Sachsen)
Wahlaufgabe 2: Eisen

BE

2.1 Lesen Sie den Text „Die Geschichte des Eisens" und bearbeiten Sie die nachstehenden Aufgaben.

Die Geschichte des Eisens

Bevor die Menschen Eisen aus Eisenerz herstellten, nutzten sie Eisen aus Meteoriten, um daraus Kunstgegenstände zu fertigen. Im 1. Jahrhundert v. Chr. begann die Herstellung von Werkzeugen und Waffen aus diesem Metall. In Erdlöchern wurde Eisenerz mit Holzkohle erhitzt und Luft (Sauerstoff) mit Handblasebälgen zugeführt. Es entstanden Eisenklumpen, vermengt mit Schlacke.

Später im Mittelalter stellte man in 4 bis 6 m hohen Öfen täglich schon bis zu 300 kg Roheisen her, das aber spröde und nicht schmiedbar war. Erst durch Senkung des Kohlenstoffgehaltes erhielt man elastischen harten Stahl.

Durch den Eisenbahnbau ab 1840 und die Industrialisierung stieg der Bedarf an Eisen und Stahl gewaltig an. Heute verwendet man Koks statt Holzkohle, in modernen Hochöfen werden täglich mehr als 10 000 t Roheisen hergestellt. Die Ausgangsstoffe Eisenerz, Koks (C) und Zuschläge werden am heißen, entweichenden Gichtgas vorbeigeleitet. Dabei reagiert unter anderem Eisen(II)-oxid mit Kohlenstoffmonoxid.

- Notieren Sie drei im Text genannte Verwendungen von Eisen.
- Entwickeln Sie die Reaktionsgleichung für die Herstellung von Roheisen.
- Geben Sie die Reaktionsart dieser chemischen Reaktion an.
- Notieren Sie ein weiteres Reaktionsprodukt des Hochofenprozesses, das neben Roheisen entsteht.
- Stellen Sie zwei Eigenschaften von Roheisen und Stahl gegenüber. 7

2.2 Eisen ist ein chemisches Element, wird den unedlen Metallen zugeordnet und unterliegt der Korrosion.

- Erläutern Sie am Beispiel von Eisen den Begriff chemisches Element.
- Notieren Sie zwei weitere unedle Metalle und zwei Edelmetalle.
- Geben Sie zwei Möglichkeiten an, Eisen vor Korrosion (Rosten) zu schützen. 6

2.3 **Experiment:** Verhalten eines unedlen Metalls gegenüber Säurelösungen

Sie erhalten drei Reagenzgläser mit je 0,5 g Eisen. Das Eisen wird **a)** mit ca. 3 mL Essigsäurelösung, **b)** mit ca. 3 mL Salzsäurelösung und **c)** mit ca. 3 mL Schwefelsäurelösung versetzt.

- Führen Sie das Experiment durch.
- Notieren Sie Ihre Beobachtungen.
- Werten Sie Ihre Beobachtungen hinsichtlich der Reaktion von unedlen Metallen mit Säurelösungen aus.
- Geben Sie den Namen des entstandenen Gases an.
- Leiten Sie aus Ihren Beobachtungen ab, weshalb man säurehaltige Lebensmittel nicht in Metallgefäßen aufbewahren sollte. 8

2.4 Um flüssiges Eisen vor Ort für die Reparatur von Eisenbahnschienen herzustellen, wendet man das Thermitverfahren an.

$$Fe_2O_3 + 2\,Al \longrightarrow 2\,Fe + Al_2O_3$$

– Berechnen Sie die Masse von Eisen, die aus 3 kg Eisen(III)-oxid gewonnen werden kann. 4

25

Lösungen

2.1 – *Achten Sie darauf, nur im Text genannte Verwendungen von Eisen anzugeben.*

Herstellung von Kunstgegenständen, Werkzeugen und Waffen
alternativ:
Eisenbahnbau

– *Im Text finden Sie teilweise die Namen der an der Reaktion beteiligten Stoffe. Sie können auch Ihr Wissen aus dem Unterricht einbeziehen.*

$$FeO + CO \longrightarrow Fe + CO_2$$

alternativ:

$$Fe_2O_3 + 3\,CO \longrightarrow 2\,Fe + 3\,CO_2$$

$$Fe_3O_4 + 4\,CO \longrightarrow 3\,Fe + 4\,CO_2$$

– Diese chemische Reaktion heißt Redoxreaktion.

– Neben Roheisen entsteht auch noch Gichtgas.

Mögliche Ergänzung: Im Gichtgas ist z. B. Kohlenstoffdioxid enthalten.

– Roheisen ist spröde und nicht schmiedbar, Stahl dagegen elastisch und hart.

alternativ, z. B.:
Stahl ist schmiedbar und biegbar, Roheisen dagegen nicht.

2.2 – *Beachten Sie den Operator „Erläutern" und beziehen Sie Ihre Aussagen auf das Beispiel.*

Ein chemisches Element ist ein reiner Stoff, der nur aus einer Atomart aufgebaut ist. So besitzen alle Eisenatome 26 Protonen im Atomkern.

– **unedle Metalle:** Zink, Aluminium

alternativ, z. B.:
Natrium, Kalium, Magnesium, Calcium

Edelmetalle: Kupfer, Silber

alternativ, z. B.:
Gold, Platin, Quecksilber

– Durch Einölen/Einfetten oder mit Lackschichten kann man Eisen vor dem Verrosten schützen.

alternativ, z. B.:
Beschichten mit Zink, Plasteüberzüge, Herstellen von Eisenlegierungen (Edelstahl)

2.3 **Experiment:**

– *Arbeiten Sie dem angegebenen Experimentierauftrag entsprechend.*

– **Beobachtungen:** In jedem Reagenzglas bilden sich an der Oberfläche des Eisens kleine Bläschen, die nach oben steigen. Im Reagenzglas a) mit der Essigsäurelösung ist die Gasentwicklung deutlich geringer als bei den beiden anderen Säurelösungen.

Mögliche weitere Beobachtung: Die Reagenzgläser b) und c) erwärmen sich leicht.

- In allen Reagenzgläsern finden chemische Reaktionen statt, weil ein neuer Stoff mit neuen Eigenschaften entsteht. Im vorliegenden Fall reagieren ein fester Stoff und eine Lösung unter anderem zu einem farblosen Gas.
- Das Gas ist Wasserstoff.
- Weil Säurelösungen unedle Metalle zersetzen, würde das Aufbewahrungsmittel, z. B. die Aluminiumfolie oder ein Eisengefäß, zerstört und Flüssigkeit könnte auslaufen. Die bei der chemischen Reaktion entstehenden salzartigen Stoffe könnten außerdem den Geschmack der Lebensmittel beeinträchtigen oder sogar gesundheitsbedenklich sein.

2.4 *Im Text ist die Masse von Eisen(III)-oxid gegeben. Die Reaktionsgleichung enthält die Stoffmengen von Eisen und Eisen(III)-oxid. Im Tafelwerk findet man die molaren Massen von Eisen und Eisen(III)-oxid.*

Berechnung:

Reaktionsgleichung: $Fe_2O_3 + 2\,Al \longrightarrow 2\,Fe + Al_2O_3$

Gesucht: m_1 (Eisen)

Gegeben: m_2 (Eisen(III)-oxid) = 3 kg
$n_1 = 2$ mol $\quad M_1 = 55{,}8\ g \cdot mol^{-1}$
$n_2 = 1$ mol $\quad M_2 = 159{,}7\ g \cdot mol^{-1}$

Lösung:

$$\frac{m_1}{m_2} = \frac{n_1 \cdot M_1}{n_2 \cdot M_2}$$

$$\frac{m_1}{3\,kg} = \frac{2\,mol \cdot 55{,}8\,g \cdot mol^{-1}}{1\,mol \cdot 159{,}7\,g \cdot mol^{-1}}$$

$$m_1 = 2{,}096\,kg$$

Antwortsatz: Beim aluminothermischen Schweißen können aus 3 kg Eisen(III)-oxid rund 2,1 kg Eisen gewonnen werden.

Alternativer Rechenweg:

1. Textanalyse:	*3 kg*	*m*
	$Fe_2O_3 + 2\,Al \longrightarrow$	$2\,Fe + Al_2O_3$
2. Stoffmenge:	*1 mol*	*2 mol*
3. molare Masse:	$159{,}7\ g \cdot mol^{-1}$	$55{,}8\ g \cdot mol^{-1}$
4. Masse:	*168,0 g*	*106,0 g*

5. Verhältnisgleichung: $\frac{3\,kg}{159{,}7\,g} = \frac{m}{111{,}6\,g}$

6. Lösung und Ergebnis: $m = 2{,}096 kg$

7. Antwortsatz: *Beim aluminothermischen Schweißen können aus 3 kg Eisen(III)-oxid rund 2,1 kg Eisen gewonnen werden.*

Realschulabschluss 2019 Chemie (Sachsen)
Wahlaufgabe 3: Kohlenwasserstoffe

BE

3.1 Die organische Chemie befasst sich mit Stoffen wie z. B. Kohlenwasserstoffen, Nährstoffen, Alkoholen und ca. 100 Millionen weiteren Kohlenstoffverbindungen.

- Erstellen Sie für folgende Begriffe eine geeignete Übersicht:
  gesättigte Kohlenwasserstoffe, organische Verbindungen, Kohlenwasserstoffe, keine Kohlenwasserstoffe, ungesättigte Kohlenwasserstoffe.
- Ordnen Sie die folgenden Stoffe in die Übersicht ein:
  Ethansäure, Ethin, Ethanol, Ethen.
- Begründen Sie die Zuordnung von Ethan zu den gesättigten Kohlenwasserstoffen.
- Vergleichen Sie den Bau von Ethan und Ethanol.
  Geben Sie eine Gemeinsamkeit und einen Unterschied an.
- Entwickeln Sie die Reaktionsgleichung für die vollständige Verbrennung eines Kohlenwasserstoffes. 10

3.2 **Experiment:** Nachweis von gesättigten und ungesättigten Verbindungen

Sie erhalten in mit A und B gekennzeichneten Reagenzgläsern zwei organische Flüssigkeiten.
Überprüfen Sie, ob die Proben gesättigte oder ungesättigte Kohlenwasserstoffe enthalten.

- Planen Sie Ihr experimentelles Vorgehen und legen Sie Ihren Plan dem Lehrer vor.
- Führen Sie das Experiment durch.
- Notieren Sie Ihre Beobachtungen.
- Werten Sie Ihre Beobachtungen aus. 5

3.3 Lesen Sie den Text „Sachsens modernste Bananenreiferei“ und bearbeiten Sie die nachstehenden Aufgaben.

> **Sachsens modernste Bananenreiferei**
>
> Im Oktober 2017 wurde in der Nähe von Leipzig die modernste Bananenreiferei Europas in Betrieb genommen.
>
> Die Früchte, die vor allem aus Mittel- und Südamerika stammen, werden grün geerntet und mit Schiffen in die Häfen nach Hamburg oder Rotterdam gebracht. Damit die Bananen während der langen Reise nicht nachreifen, achtet man darauf, dass die Temperatur in den Containern nicht über 13 °C steigt. Endlich am Ziel angekommen, lässt man die Bananen einen Tag ruhen. Anschließend wird der Sauerstoff aus den Kammern gesaugt und ein Gemisch aus 96 % Stickstoff und 4 % Ethen (Ethylen) eingeblasen. Das gasförmige, farblose, geruchlose, brennbare Ethen dient als Reifegas. Bei einer Temperatur von 15 °C bis 17 °C wird der Reifeprozess eingeleitet. So erhält man in ca. 5 bis 6 Tagen Früchte mit einem optimalen Reifegrad.
>
> Dieses Verfahren hat sich der Mensch von der Natur abgeschaut. So geben z. B. reife Äpfel und Zitronen dieses Gas ab. Legt man also einen reifen Apfel bzw. Zitrone neben eine harte Kiwi, wird diese schneller reif.
>
> eigene Zusammestellung nach: Jan-Dirk Franke, In Sachsen steht jetzt Europas modernste Bananenreiferei; Freie Presse vom 20. 09. 2017

- Notieren Sie zwei Bedingungen, die den Reifeprozess von Bananen fördern.
- Stellen Sie drei der im Text genannten Eigenschaften von Ethen denen von Stickstoff in einer Tabelle gegenüber.
- Notieren Sie eine weitere Verwendungsmöglichkeit von Ethen. 6

3.4 Bei Einwirkung von Wasser auf Aluminiumcarbid ($M = 156\ g \cdot mol^{-1}$) lässt sich Methan im Labor herstellen.

$$Al_4C_3 + 12\ H_2O \longrightarrow 3\ CH_4 + 4\ Al(OH)_3$$

- Berechnen Sie das Volumen an Methan, das bei der Reaktion von 15 g Aluminiumcarbid mit Wasser entsteht. $\frac{4}{25}$

Lösungen

3.1 – *Sie können die Form der Übersicht selbst festlegen. Beispiel:*

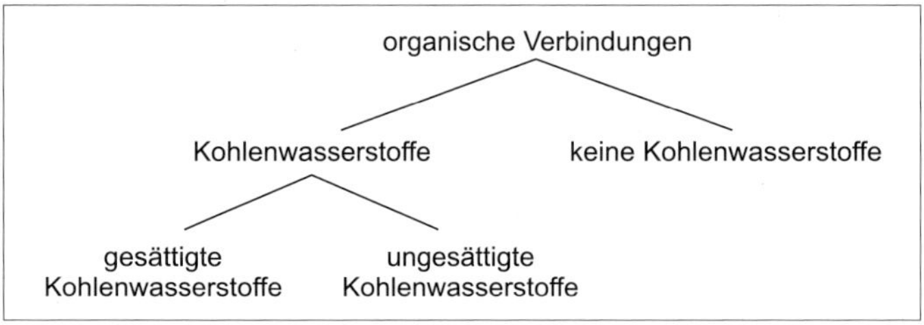

–

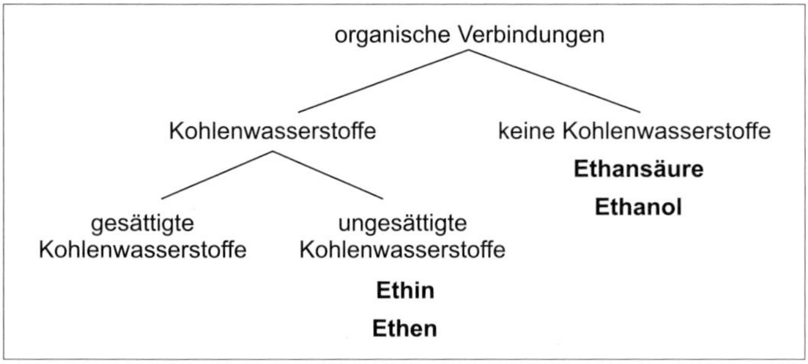

– Ethan gehört zu den gesättigten Kohlenwasserstoffen, weil die Kohlenstoffatome im Molekül durch eine Einfachbindung verbunden sind.

– **Gemeinsamkeit:** Im Ethanmolekül und im Ethanolmolekül sind jeweils 2 Kohlenstoffatome miteinander verbunden.

alternativ, z. B.:
Einfachbindung, jeweils 6 Wasserstoffatome

Unterschied: Das Ethanmolekül ist aus Kohlenstoffatomen und Wasserstoffatomen aufgebaut, im Gegensatz dazu kommt im Ethanolmolekül noch ein Sauerstoffatom dazu.

alternativ, z. B.:
Hydroxylgruppe im Ethanolmolekül

– *Den konkreten Stoff können Sie selbst auswählen. Achten Sie jedoch darauf, dass es ein Kohlenwasserstoff ist. In allen Fällen entstehen die Reaktionsprodukte Kohlenstoffdioxid und Wasser.*

Ethin $2\,C_2H_2 + 5\,O_2 \longrightarrow 4\,CO_2 + 2\,H_2O$

alternativ, z. B.:

Ethen $C_2H_4 + 3\,O_2 \longrightarrow 2\,CO_2 + 2\,H_2O$

Methan $CH_4 + 2\,O_2 \longrightarrow CO_2 + 2\,H_2O$

Propan $C_3H_8 + 5\,O_2 \longrightarrow 3\,CO_2 + 4\,H_2O$

3.2 **Experiment:**

- *Ungesättigte Kohlenwasserstoffe können mit verschiedenen Nachweismitteln erkannt werden. Im Unterricht wurden wahrscheinlich Bromid-Bromat-Lösung, Kaliumpermanganat-Lösung oder stark verdünnte Bromlösung (Bromwasser) verwendet. Die gewählte Nachweislösung wird durch ungesättigte Kohlenwasserstoffe entfärbt.*

  Plan: Ich tropfe die Bromid-Bromat-Lösung, die eine gelbe Farbe hat, zu den Stoffproben A und B und schüttle die Reagenzgläser vorsichtig. Ist ein ungesättigter Kohlenwasserstoff vorhanden, entfärbt sich das Gemisch.

- *Führen Sie das Experiment Ihrer Planung entsprechend durch.*

- *Entsprechend der Vorgabe sind verschiedene Beobachtungen möglich. Es ist zu erwarten, dass in einem Reagenzglas eine Entfärbung und im anderen keine Entfärbung zu beobachten ist.*

  Im **Reagenzglas A** findet keine Veränderung statt, das Gemisch im **Reagenzglas B** entfärbt sich.

- Der Kohlenwasserstoff im **Reagenzglas B** gehört zur Gruppe der ungesättigten Kohlenwasserstoffe. Im **Reagenzglas A** ist ein gesättigter Kohlenwasserstoff.

3.3 – Ein Gasgemisch mit einer Konzentration von 4 % Ethen und 96 % Stickstoff und eine Temperatur von 15 bis 17 °C fördern den Reifeprozess von Bananen.

- *Beachten Sie, dass die Gegenüberstellung der Eigenschaften in Tabellenform erfolgen muss.*

Eigenschaft	Ethen	Stickstoff	Vergleich
Aggregatzustand	gasförmig	gasförmig	Gemeinsamkeit
Farbe	farblos	farblos	Gemeinsamkeit
Geruch	geruchlos	geruchlos	Gemeinsamkeit

alternativ:

Eigenschaft	Ethen	Stickstoff	Vergleich
Brennbarkeit	brennbar	nicht brennbar	Unterschied
Wirkung	reifefördernd	erstickend	Unterschied

- Ethen ist ein Ausgangsstoff zur Herstellung wichtiger Chemieprodukte, z. B. Polyethylen.

3.4 *Im Text sind die Masse und die molare Masse von Aluminiumcarbid gegeben. Die Reaktionsgleichung enthält die Stoffmengen von Aluminiumcarbid und Methan. Das molare Volumen der Gase beträgt 22,4 L · mol^{-1}.*

Berechnung:

Reaktionsgleichung: $Al_4C_3 + 12\,H_2O \longrightarrow 3\,CH_4 + 4\,Al(OH)_3$

Gesucht: V_1 (Methan)

Gegeben: m_2(Aluminiumcarbid) = 15 g
$n_1 = 3$ mol $\quad V_m = 22{,}4 \text{ L} \cdot \text{mol}^{-1}$
$n_2 = 1$ mol $\quad M_2 = 156 \text{ g} \cdot \text{mol}^{-1}$

Lösung: $$\frac{V_1}{m_2} = \frac{n_1 \cdot V_m}{n_2 \cdot M_2}$$

$$\frac{V_1}{15 \text{ g}} = \frac{3 \text{ mol} \cdot 22{,}4 \text{ L} \cdot \text{mol}^{-1}}{1 \text{ mol} \cdot 156 \text{ g} \cdot \text{mol}^{-1}}$$

$$V_1 = 6{,}461 \text{ L}$$

Antwortsatz: Aus 15 g Aluminiumcarbid lassen sich etwa 6,5 L Methan herstellen.

Alternativer Rechenweg:

1. Textanalyse:	*15 g*		*V*	
	$Al_4C_3 + 12\ H_2O$	$\longrightarrow$	$3\ CH_4 + 4\ Al(OH)_3$	
2. Stoffmenge:	*1 mol*		*3 mol*	
3. molare Größe:	$156 \text{ g} \cdot \text{mol}^{-1}$		$22{,}4 \text{ L} \cdot \text{mol}^{-1}$	
4. Volumen/Masse:	*156 g*		*67,2 L*	

5. Verhältnisgleichung: $$\frac{15 \text{ g}}{156 \text{ g}} = \frac{V}{67{,}2 \text{ L}}$$

6. Lösung und Ergebnis: $V = 6{,}461$ L

7. Antwortsatz: *Aus 15 g Aluminiumcarbid lassen sich etwa 6,5 L Methan herstellen.*

Wahlaufgabe 4: Ordnen von Stoffen

BE

4.1 Die meisten Stoffe kommen in der Natur als Stoffgemische, seltener als Reinstoffe vor.

- Ordnen Sie die folgenden Stoffbeispiele den Stoffgemischen oder den Reinstoffen zu:
  Abwasser, Glucose, Gold, Erdöl, Messing, Magnesiumoxid, verdünnte Salzsäure und Sauerstoff.
- Entwickeln Sie einen Steckbrief mit sechs Angaben zu einem der oben genannten Stoffe.
- Geben Sie zwei Stoffgemische an und notieren Sie je zwei Reinstoffe, die darin enthalten sind. 8

4.2 Stoffe können aufgrund ähnlicher Eigenschaften in Stoffgruppen eingeteilt werden.

- Notieren Sie je drei ähnliche Eigenschaften von Salzen sowie Säurelösungen. 3

4.3 Für die Herstellung von Stahl muss aus Roheisen Kohlenstoff entfernt werden. Dazu wird das Sauerstoffaufblasverfahren genutzt.

- Berechnen Sie das Volumen an Sauerstoff, das für die Oxidation von 320 kg Kohlenstoff benötigt wird. 4

$$2\,C + O_2 \longrightarrow 2\,CO$$

4.4 **Experiment:** Identifizierung von Stoffen

In drei mit A, B und C gekennzeichneten Gefäßen befinden sich die farblosen Lösungen von Salzsäure, Silbernitrat und Bariumchlorid.
Ermitteln Sie experimentell, welche Stoffe sich in den Gefäßen A, B und C befinden. Dafür steht Ihnen nur Universalindikatorpapier zur Verfügung.

- Planen Sie Ihr Vorgehen.
- Führen Sie die Experimente durch.
- Notieren Sie Ihre Beobachtungen.
- Ordnen Sie die Stoffe den Gefäßen A, B und C zu.
- Entwickeln Sie die Reaktionsgleichung für den Nachweis von Chlorid-Ionen in verkürzter Ionenschreibweise. 10

25

Lösungen

4.1 – *Die Zuordnung der Stoffe können Sie in Tabellenform vornehmen oder auch als Aufzählung.*

Stoffgemische	**Reinstoffe**
Abwasser	Glucose
Erdöl	Gold
Messing	Magnesiumoxid
verdünnte Salzsäure	Sauerstoff

alternativ:

Stoffgemische sind Abwasser, Erdöl, Messing und verdünnte Salzsäure.
Die Stoffe Glucose, Gold, Magnesiumoxid und Sauerstoff sind **Reinstoffe**.

– *Beachten Sie die geforderte Form „Steckbrief" und die verlangte Anzahl der Angaben. Überlegen Sie sich vor Beginn der Bearbeitung, von welchem Stoff Sie ausreichende Kenntnisse besitzen.*

Steckbrief Glucose
Trivialname: Traubenzucker

Eigenschaften:
- Farbe: weiß
- Aggregatzustand: fest
- Verhalten beim Erwärmen: schmilzt, wird gelb, später schwarz, entwickelt brennbare Gase

Verwendung:
- Ausgangsstoff der alkoholischen Gärung
- Energielieferant im Organismus

alternativ, z. B.:

Steckbrief verdünnte Salzsäure
wissenschaftlicher Name: verdünnte Chlorwasserstoffsäure

Eigenschaften:
- Aggregatzustand: flüssig
- Wirkung: ätzend
- Geruch: stechend

Verwendung:
- Ätzen von Metallen
- Reinigungsmittel z. B. für Fliesen

Vorkommen:
- Magensäure

alternativ, z. B.:

Steckbrief Sauerstoff

Eigenschaften:
- Aggregatzustand: gasförmig
- Wirkung: fördert die Verbrennung
- Geruch: geruchlos
- Brennbarkeit: brennt nicht

Verwendung:
- Beatmungsgeräte
- Schweißgas

Vorkommen:
- in der Luft zu 21 %

– Das Stoffgemisch **Abwasser** besteht hauptsächlich aus Wasser. Zusätzlich kann es beispielsweise auch Siliciumdioxid in Form von Sand enthalten.
Erdöl ist ein Gemisch verschiedener Kohlenwasserstoffe (z. B. Octan) und ist schwefelhaltig.

alternativ, z. B.:
Messing ist eine Legierung aus den Metallen Kupfer und Zink.
Verdünnte Salzsäure besteht aus den Stoffen Chlorwasserstoff und Wasser.

4.2 Salze und Säurelösungen haben folgende ähnliche Eigenschaften:
Sie sind aus Ionen aufgebaut.
Im Salzkristall sind die Ionen fest in das Gitter eingeordnet, die Salze sind feste Stoffe.
In der Salzlösung und in der Säurelösung sind die Ionen frei beweglich. Deshalb leiten beide Lösungen den elektrischen Strom.

4.3 *Im Text ist die Masse von Kohlenstoff gegeben, die Reaktionsgleichung enthält die Stoffmengen von Kohlenstoff und Sauerstoff. Im Tafelwerk findet man die molare Masse von Kohlenstoff. Das molare Volumen der Gase beträgt 22,4 L · mol^{-1}.*

Berechnung:

Reaktionsgleichung: $2\,C + O_2 \longrightarrow 2\,CO$

Gesucht: V_1 (Sauerstoff)

Gegeben: m_2(Kohlenstoff) = 320 kg
$n_1 = 1$ mol $V_m = 22{,}4$ L · mol^{-1}
$n_2 = 2$ mol $M_2 = 12$ g · mol^{-1}

Lösung:
$$\frac{V_1}{m_2} = \frac{n_1 \cdot V_m}{n_2 \cdot M_2}$$

$$\frac{V_1}{320\text{ kg}} = \frac{1\text{ mol} \cdot 22{,}4\text{ L} \cdot \text{mol}^{-1}}{2\text{ mol} \cdot 12\text{ g} \cdot \text{mol}^{-1}}$$

$$\frac{V_1}{320000\text{ g}} = \frac{1\text{ mol} \cdot 22{,}4\text{ L} \cdot \text{mol}^{-1}}{2\text{ mol} \cdot 12\text{ g} \cdot \text{mol}^{-1}}$$

$$V_1 = 298666{,}7\text{ L}$$

Antwortsatz: Um 320 kg Kohlenstoff zu Kohlenstoffmonooxid zu oxidieren, sind rund 300 000 Liter Sauerstoff notwendig.

Alternativer Rechenweg:

1. Textanalyse: $\quad 320\ kg \quad V$

$$2\,C + O_2 \longrightarrow 2\,CO$$

2. Stoffmenge: $\quad 2\ mol \quad 1\ mol$

3. molare Größe: $\quad 12\ g \cdot mol^{-1} \quad 22{,}4\ L \cdot mol^{-1}$

4. Volumen/Masse: $\quad 24\ g \quad 22{,}4\ L$

5. Verhältnisgleichung: $\dfrac{320\ kg}{24\ g} = \dfrac{V}{22{,}4\ L}$

$$\frac{320000\ g}{24\ g} = \frac{V}{22{,}4\ L}$$

6. Lösung und Ergebnis: $V = 298\,666{,}6\ L$

7. Antwortsatz: *Um 320 kg Kohlenstoff zu Kohlenstoffmonooxid zu oxidieren, sind rund 300 000 Liter Sauerstoff notwendig.*

4.4 **Experiment:**

– *Beachten Sie, dass ausschließlich Universalindikatorpapier als zusätzliches Nachweismittel zur Verfügung steht.*

Plan: Zunächst teste ich die drei Lösungen mit Universalindikatorpapier. Da saure Lösungen Universalindikatorpapier rot färben, sollte nur in einer Testlösung die Rotfärbung auftreten, das wäre somit die Salzsäure. In den beiden anderen Lösungen sollte sich das Universalindikatorpapier nicht verfärben.
Zum Unterscheiden von Silbernitratlösung, die Silberionen und Nitrationen enthält, und Bariumchloridlösung kann ich die Salzsäure nutzen, da diese Lösung Chloridionen enthält. Chloridionen und Silberionen verbinden sich zu einem weißen Niederschlag. Also werden die beiden verbleibenden Lösungen mit der bereits nachgewiesenen Salzsäure versetzt. In einem Reagenzglas müsste der Niederschlag auftreten, die andere Lösung sollte klar bleiben.
Als Arbeitsmittel benötige ich zusätzlich nur einen Tropfer.

– *Führen Sie das Experiment Ihrer Planung entsprechend durch.*

– **Beobachtungen:**

Lösung	**A**	**B**	**C**
Farbe des Universalindikatorpapiers	rot	gelb/grün	gelb/grün
Versetzen mit Salzsäure	╳	weißer Niederschlag	klare Lösung

– **Auswertung:**

Lösung	**A**	**B**	**C**
Stoff	Salzsäure	Silbernitrat	Bariumchlorid

– $Ag^+ + Cl^- \longrightarrow AgCl$

Realschulabschluss 2020 Chemie (Sachsen)
Pflichtaufgabe 1: Stoffe – Teilchen – Chemische Reaktionen

BE

1.1 Ihnen werden folgende Experimente demonstriert:

Eine Bariumchloridlösung wird
a) auf elektrische Leitfähigkeit geprüft,
b) mit einer farblosen Lösung versetzt.

- Notieren Sie Ihre Beobachtungen zu den Experimenten a) und b).
- Werten Sie Ihre Beobachtungen aus.
- Geben Sie den Namen einer möglichen farblosen Lösung an, die im Experiment b) verwendet wurde.
- Entwickeln Sie die Reaktionsgleichung in verkürzter Ionenschreibweise für das im Experiment b) nachgewiesene Ion. 7

1.2 Bariumchlorid ist eine Ionensubstanz.

- Beschreiben Sie am Beispiel von Bariumchlorid den Zusammenhalt der Teilchen.
- Wählen Sie aus den folgenden Verbindungen die Ionensubstanzen aus, notieren Sie deren Name und Formel.
  Wasser, Calciumoxid, Ethanol, Kaliumhydroxid, Bariumsulfat, Methan 6

1.3 Das Periodensystem der Elemente ermöglicht Aussagen zum Atombau.

- Leiten Sie für Chlor drei Aussagen zum Atombau aus dem Periodensystem der Elemente ab.
- Skizzieren Sie ein Modell des Ions von Chlor und beschriften Sie Ihr Modell mit vier Angaben.
- Begründen Sie die elektrische Ladung dieses Ions. 8

1.4 Barium und Chlor lassen sich anhand ihrer Eigenschaften erkennen und beschreiben.

- Entscheiden Sie, welche der nachfolgenden Eigenschaften für Barium bzw. Chlor zutreffen.
  Dichte bei Zimmertemperatur $3{,}50\ g \cdot cm^{-3}$, gehört zu den Nichtmetallen, höhere Schmelztemperatur als Magnesium, elektrisch leitfähig 4

25

Lösungen

1.1 *Es ist davon auszugehen, dass die Demonstrationsexperimente in folgender Weise vorgeführt wurden: In einem Becherglas befindet sich Bariumchloridlösung. Mithilfe einer geeigneten Versuchsanordnung wird die Lösung im Experiment a) auf elektrische Leitfähigkeit geprüft und danach im Experiment b) mithilfe einer Pipette mit einer farblosen Lösung versetzt.*

– *Beachten Sie, dass Sie zunächst die Beobachtungen notieren sollen.*

Beobachtungen:
Im **Experiment a)** leuchtet die Glühlampe auf.

Wird anstelle der Glühlampe ein Strommessgerät verwendet, kann eine Stromstärke abgelesen werden.

Im **Experiment b)** wird das Gemisch trüb, es bildet sich ein weißer Niederschlag.

– **Auswertung:**
Im **Experiment a)** wird die elektrische Leitfähigkeit der Bariumchloridlösung bestätigt. Als frei bewegliche Ladungsträger sind Barium-Ionen und Chlorid-Ionen vorhanden.
Im **Experiment b)** bildet sich aus den frei beweglichen Barium-Ionen oder den frei beweglichen Chlorid-Ionen durch Zugabe weiterer Ionen jeweils ein schwer lösliches Salz. Entweder bilden Barium-Ionen mit Sulfat-Ionen schwer lösliches Bariumsulfat oder Silber-Ionen reagieren mit Chlorid-Ionen zu schwer löslichem Silberchlorid.

– Die im Experiment b) zugegebene Lösung könnte Silbernitratlösung gewesen sein.
alternativ:
Die im Experiment b) zugegebene Lösung könnte eine Sulfatlösung, z. B. Natriumsulfatlösung, gewesen sein.

– $Ag^{+} + Cl^{-} \longrightarrow AgCl$

alternativ:

$Ba^{2+} + SO_4^{2-} \longrightarrow BaSO_4$

1.2 – *Beachten Sie, dass Sie die Ausführungen auf das Beispiel Bariumchlorid beziehen müssen.*

Die Ionensubstanz Bariumchlorid ist aus Barium-Ionen und Chlorid-Ionen aufgebaut. Die Barium-Ionen sind zweifach elektrisch positiv geladen, die Chlorid-Ionen einfach elektrisch negativ. Zwischen diesen elektrisch entgegengesetzt geladenen Teilchen besteht eine starke Anziehungskraft. Deshalb ordnen sie sich regelmäßig zum Ionenkristall an.

– Ionensubstanzen sind:
Calciumoxid CaO, Kaliumhydroxid KOH, Bariumsulfat $BaSO_4$

1.3 – *Beachten Sie, dass die Angaben zum Bau des Chloratoms aus der Stellung des Elements im Periodensystem der Elemente abzuleiten sind.*

Im Periodensystem der Elemente hat Chlor die Ordnungszahl 17, das heißt, das Chloratom hat 17 Protonen und 17 Elektronen. Da Chlor in der VII. Hauptgruppe steht, verfügt das Chloratom über 7 Außenelektronen. Aus der Einordnung in die 3. Periode des Periodensystems erkenne ich, dass das Chloratom 3 besetzte Elektronenschalen hat.

– Ion des Chlors (Chlorid-Ion):

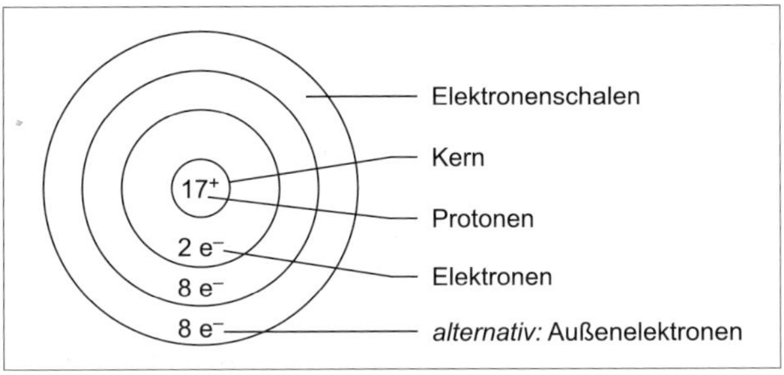

– Das Chlorid-Ion hat 17 Protonen im Kern, die jeweils einfach elektrisch positiv geladen sind. In der Hülle befinden sich 18 jeweils einfach elektrisch negativ geladene Elektronen. Da sich somit als Summe der Ladungen –1 ergibt, ist das Chlorid-Ion einfach elektrisch negativ geladen.

1.4 – *Benutzen Sie als Hilfe auch Ihre Tabellen- und Formelsammlung.*

Für Barium treffen die Angaben
- Dichte bei Zimmertemperatur $3{,}50\ g \cdot cm^{-3}$,
- höhere Schmelztemperatur als Magnesium und
- elektrisch leitfähig

zu.

Die Eigenschaft
- gehört zu den Nichtmetallen

muss Chlor zugeordnet werden.

Realschulabschluss 2020 Chemie (Sachsen)
Wahlaufgabe 2: Pro Umwelt

BE

2.1 Experiment: Umweltgerechte Entsorgung einer basischen/alkalischen Abwasserprobe

Eine Abwasserprobe in einem Klärwerk ergab einen pH-Wert im basischen/alkalischen Bereich.

- Planen Sie Ihr experimentelles Vorgehen, um die vorliegende Wasserprobe umweltgerecht zu entsorgen und legen Sie Ihren Plan dem Lehrer vor.
- Führen Sie das Experiment durch.
- Notieren Sie Ihre Beobachtungen und werten Sie diese unter Berücksichtigung der nachgewiesenen Teilchen aus.
- Ordnen Sie die im Experiment durchgeführte chemische Reaktion einer Reaktionsart zu.
- Entwickeln Sie die Reaktionsgleichung zu dieser Reaktionsart in verkürzter Ionenschreibweise. 11

2.2 Lesen Sie den Text „Saubere Flüsse und Seen – Dank moderner Klärwerke" und bearbeiten Sie die nachstehenden Aufgaben.

Saubere Flüsse und Seen – Dank moderner Klärwerke

Täglich gelangen unsere Abwässer aus dem Kanalnetz in die Kläranlagen. Bereits beim Zulauf werden die Temperatur, der pH-Wert und die elektrische Leitfähigkeit gemessen. Der pH-Wert wird gegebenenfalls auf einen umweltgerechten Wert eingestellt. Das Abwasser wird in der 1. Reinigungsstufe über einen Rechen geführt. Dadurch werden grobe Stoffe wie Kunststoffbehälter, Speisereste, Steine usw. zurückgehalten und zu einer Deponie bzw. zur Verbrennung gebracht. Grobe ungelöste Stoffe sinken im Sandfang zu Boden und werden abgelagert. Der Sand wird gereinigt und für den Straßenbau genutzt. Im Vorklärbecken setzen sich überwiegend ungelöste organische Stoffe ab, diese bilden den Klärschlamm und werden in Biogasanlagen umgesetzt.

In der 2. Reinigungsstufe gelangt das Abwasser nun in das Belebtbecken, in dem Mikroorganismen unter Sauerstoffzufuhr die verbliebenen organischen Stoffe abbauen. Der entstehende Faulschlamm wird entwässert, eingedickt und in Faulbehältern gelagert. Im Faulturm entstehen brennbare Gase, die zur Energiegewinnung genutzt werden.

Gelöste Stoffe werden in der 3. Reinigungsstufe mit Fällungsmitteln wie Eisen- und Aluminiumsalzen in unlösliche Verbindungen überführt. Bevor das gereinigte Abwasser wieder in Flüsse und Seen gelangt, wird es nochmals gefiltert.

- Ordnen Sie den im Text genannten Reinigungsstufen die Bezeichnungen chemische Reinigung, biologische Reinigung und mechanische Reinigung zu.
- Erläutern Sie die Wirtschaftlichkeit eines Klärwerkes an zwei Beispielen aus dem Text. 6

2.3 Das im Faulturm entstehende Biogas enthält überwiegend Methan und wird zur Energiegewinnung genutzt. Dabei läuft folgende vereinfachte chemische Reaktion ab.

$$CH_4 + 2\,O_2 \longrightarrow CO_2 + 2\,H_2O$$

– Berechnen Sie das Volumen an Kohlenstoffdioxid, welches bei der Verbrennung von 40 000 Liter Methan entsteht. 4

2.4 In einem Schülervortrag zum Thema „Umweltschadstoffe und ihre Folgen" wurden folgende Fakten genannt:
Treibhauseffekt, Absterben von Pflanzen und Zerstörung von Bauwerken, Erderwärmung und Klimaveränderungen, saurer Regen.

– Übernehmen Sie folgende Tabelle in Ihre Arbeit und ordnen Sie die aufgeführten Fakten richtig zu.

Umweltschadstoff	**Umweltproblem**	**Auswirkung**
Methan/ Kohlenstoffdioxid		
Stickstoffoxide/ Schwefeldioxid		

4
25

Lösungen

2.1 **Experiment:**

- **Plan:** Ich möchte die basische/alkalische Abwasserprobe neutralisieren. Dazu benötige ich eine saure Lösung, z. B. verdünnte Chlorwasserstoffsäure (Salzsäure), und einen Indikator, z. B. Universalindikatorlösung, damit ich den Neutralpunkt erkennen kann. Ich versetze zuerst die Abwasserprobe in einem Erlenmeyerkolben mit einigen Tropfen des Indikators und tropfe dann langsam die verdünnte Chlorwasserstoffsäure zu. Dabei schwenke ich den Kolben ständig. Wenn die Lösung eine grüne Färbung angenommen hat, ist der Neutralpunkt erreicht.
- *Führen Sie das geplante Experiment durch. Beachten Sie den Arbeitsschutz.*
- **Beobachtungen:** Die Abwasserprobe ist farblos. Tropft man Universalindikatorlösung zu, färbt sich das Gemisch blau. Bei Zugabe weniger farbloser Tropfen von verdünnter Chlorwasserstoffsäure ist erst noch keine Veränderung zu bemerken, aber nach Zugabe weiterer Tropfen schlägt die blaue Farbe nach Grün um.

  In der Aufgabenstellung ist gefordert, die Beobachtungen auf Teilchenebene auszuwerten.

  Auswertung: Weil in der vorgegebenen basischen Abwasserprobe Hydroxid-Ionen vorkommen, wird Universalindikatorlösung blau gefärbt. In der verdünnten Chlorwasserstoffsäure befinden sich Wasserstoff-Ionen, die sich mit den Hydroxid-Ionen zu Wassermolekülen verbinden. Die Wassermoleküle bewirken keine Farbveränderung von Universalindikatorlösung.
- Die durchgeführte Reaktion ordne ich der Reaktionsart Neutralisation zu.
- $H^+ + OH^- \longrightarrow H_2O$

2.2 –

Reinigungsstufe	Bezeichnung
1. Reinigungsstufe	Mechanische Reinigung
2. Reinigungsstufe	Biologische Reinigung
3. Reinigungsstufe	Chemische Reinigung

- *Beachten Sie den Operator „Erläutern" und verwenden Sie die Informationen aus dem Text.*

  Der in der mechanischen Reinigung gewonnene und gereinigte Sand wird für den Straßenbau genutzt. Er muss demzufolge nicht auf eine Deponie gebracht werden und ersetzt wertvolle Rohstoffe. Das sehe ich als zweifachen Vorteil.
  Der in der mechanischen Reinigung anfallende Klärschlamm und der in der biologischen Reinigung entstehende Faulschlamm bilden Gase, die zur Energiegewinnung eingesetzt werden. So wird umweltverträglich Strom produziert und es kann auf fossile Rohstoffe verzichtet werden.

2.3 – *Im Text ist das Volumen des Methans gegeben. Die Reaktionsgleichung enthält die Stoffmengen von Kohlenstoffdioxid und Methan. Das molare Volumen der Gase beträgt 22,4 L · mol^{-1}.*

Berechnung:

Reaktionsgleichung: $CH_4 + 2\,O_2 \longrightarrow CO_2 + 2\,H_2O$

Gesucht: V_1 (Kohlenstoffdioxid)

Gegeben: V_2 (Methan) = 40 000 L
$n_1 = 1$ mol
$n_2 = 1$ mol

Lösung:
$$\frac{V_1}{V_2} = \frac{n_1}{n_2}$$

$$\frac{V_1}{40000\text{ L}} = \frac{1\text{ mol}}{1\text{ mol}}$$

$$V_1 = 40000\text{ L}$$

Antwortsatz: Bei der Verbrennung von 40 000 Litern Methan entstehen 40 000 Liter Kohlenstoffdioxid.

Alternativer Rechenweg:

1. Textanalyse: 40 000 L ... V

$$CH_4 + 2\,O_2 \longrightarrow CO_2 + 2\,H_2O$$

2. Stoffmenge: 1 mol ... 1 mol

3. molares Volumen: 22,4 L · mol^{-1} ... 22,4 L · mol^{-1}

4. Volumen: 22,4 L ... 22,4 L

5. Verhältnisgleichung:
$$\frac{40000\text{ L}}{22{,}4\text{ L}} = \frac{V}{22{,}4\text{ L}}$$

6. Lösung und Ergebnis: $V = 40\,000$ L

7. Antwortsatz: *Bei der Verbrennung von 40 000 Litern Methan entstehen 40 000 Liter Kohlenstoffdioxid.*

2.4 –

Umweltschadstoff	Umweltproblem	Auswirkung
Methan/ Kohlenstoffdioxid	Treibhauseffekt	Erderwärmung und Klimaveränderung
Stickstoffoxide/ Schwefeldioxid	Saurer Regen	Absterben von Pflanzen und Zerstörung von Bauwerken

Realschulabschluss 2020 Chemie (Sachsen)
Wahlaufgabe 3: Ethansäure (Essigsäure) und andere organische Säuren

BE

3.1 Die Ethansäure (Essigsäure) ist in unserem Alltag ein vielseitiger Helfer.

- Begründen Sie jeweils mithilfe einer passenden Eigenschaft der Essigsäure folgende Anwendungen im Haushalt:
  a) Gurken oder anderes Gemüse in einen Essigsäuresud einlegen.
  b) Brotbehälter regelmäßig mit einem essiggetränkten Lappen auswischen.
- Notieren Sie vier weitere Eigenschaften und eine weitere Verwendungsmöglichkeit der Essigsäure. 7

3.2 Ethansäure (Essigsäure) und Methansäure (Ameisensäure) sind organische Stoffe mit ähnlicher Molekülstruktur.

- Notieren Sie die jeweils entsprechende Formel für Ethansäure und Methansäure.
- Vergleichen Sie den Bau von Ethansäure und Methansäure. Geben Sie zwei Gemeinsamkeiten und einen Unterschied an. 4

3.3 Bei der Reaktion zwischen Butansäure (Buttersäure) und Ethanol entsteht Butansäureethylester ($M = 116\ \mathrm{g \cdot mol^{-1}}$), der ein Bestandteil des natürlichen Ananasaromas ist.

$$C_3H_7COOH + C_2H_5OH \longrightarrow C_3H_7{-}COO{-}C_2H_5 + H_2O$$

- Berechnen Sie die Masse an Butansäure, die bei der Herstellung von 1,5 kg Butansäureethylester eingesetzt werden muss. 4

3.4 <u>Experiment</u>: Identifizierung von Stoffen

Sie erhalten drei farblose Flüssigkeiten in mit A, B und C gekennzeichneten Gefäßen. Dabei handelt es sich um Natriumsulfatlösung, Schwefelsäurelösung und Citronensäurelösung.

Identifizieren Sie die drei farblosen Flüssigkeiten.

- Planen Sie Ihr experimentelles Vorgehen und legen Sie Ihren Plan dem Lehrer vor.
- Führen Sie die Experimente durch.
- Notieren Sie Ihre Beobachtungen.
- Ordnen Sie die Stoffe den Gefäßen A, B und C zu.
- Entwickeln Sie für den Ionennachweis die Reaktionsgleichung in verkürzter Ionenschreibweise. 10

25

Lösungen

3.1 – *Beachten Sie den Operator „Begründen".*

a) Da Essigsäure eine konservierende Wirkung hat, kann man Gurken und anderes Gemüse in einen Essigsäuresud einlegen, damit die Nahrungsmittel länger genießbar sind.

alternativ, z. B.:
Da verdünnte Essigsäure einen sauren Geschmack hat, kann man Gurken und anderes Gemüse in einen Essigsäuresud einlegen. Mir schmeckt es so besser.

b) Wenn man einen Brotbehälter regelmäßig mit einem essiggetränkten Lappen auswischt, nutzt man die desinfizierende Wirkung der Essigsäure aus, um Schimmelpilze abzutöten.

– Weitere Eigenschaften: Schmelztemperatur 16,6 °C; gut in Wasser löslich; in geringer Konzentration physiologisch verträglich, in höheren Konzentrationen ätzend; Dichte $1{,}05\ g \cdot cm^{-3}$

alternativ, z. B.:
Siedetemperatur 118,1 °C; molare Masse $60\ g \cdot mol^{-1}$; stechender Geruch; farblos

Weitere Verwendungsmöglichkeit: als Entkalkungsmittel

3.2 – *Notieren Sie jeweils eine Formel, die Sie in der Formelsammlung finden.*

Ethansäure: CH_3-COOH *alternativ:* CH_3COOH
Methansäure: $H-COOH$ *alternativ:* $HCOOH$

– *Beachten Sie den Operator „Vergleichen". Heben Sie deshalb deutlich die Gemeinsamkeiten und den Unterschied hervor. Dazu ist die Tabellenform vorteilhaft.*

		Ethansäure	**Methansäure**
Gemeinsamkeiten	Atomarten	Kohlenstoffatome, Wasserstoffatome, Sauerstoffatome	
	Anzahl der Sauerstoffatome	2	
Unterschied	Anzahl der Kohlenstoffatome	2	1

alternativ in Worten:
Bei Ethansäure und Methansäure sind die Moleküle aus den Elementen Kohlenstoff, Sauerstoff und Wasserstoff aufgebaut. Sowohl im Ethansäuremolekül als auch im Methansäuremolekül kommen zwei Sauerstoffatome vor.
Beide Moleküle unterscheiden sich hinsichtlich der Anzahl der Kohlenstoffatome: Bei der Ethansäure sind es zwei, bei der Methansäure ist es nur eines.

3.3 – *Im Text sind die Masse und die molare Masse von Butansäureethylester gegeben. Die Reaktionsgleichung enthält die Stoffmengen von Butansäure und Butansäureethylester. Im Tafelwerk findet man die molare Masse von Butansäure.*

Berechnung:

Reaktionsgleichung: $C_3H_7COOH + C_2H_5OH \longrightarrow C_3H_7-COO-C_2H_5 + H_2O$

Gesucht: m_1 (Butansäure)

Gegeben: m_2 (Butansäureethylester) = 1,5 kg
$n_1 = 1$ mol $M_1 = 88 \text{ g} \cdot \text{mol}^{-1}$
$n_2 = 1$ mol $M_2 = 116 \text{ g} \cdot \text{mol}^{-1}$

Lösung: $$\frac{m_1}{m_2} = \frac{n_1 \cdot M_1}{n_2 \cdot M_2}$$

$$\frac{m_1}{1{,}5 \text{ kg}} = \frac{1 \text{ mol} \cdot 88 \text{ g} \cdot \text{mol}^{-1}}{1 \text{ mol} \cdot 116 \text{ g} \cdot \text{mol}^{-1}}$$

$$m_1 = 1{,}14 \text{ kg}$$

Antwortsatz: Um 1,5 kg Butansäureethylester herzustellen, werden rund 1,14 kg Butansäure benötigt.

Alternativer Rechenweg:

1. Textanalyse:	*m*		*1,5 kg*
	$C_3H_7COOH + C_2H_5OH$	⟶	$C_3H_7{-}COO{-}C_2H_5 + H_2O$
2. Stoffmenge:	*1 mol*		*1 mol*
3. molare Masse:	$88 \text{ g} \cdot \text{mol}^{-1}$		$116 \text{ g} \cdot \text{mol}^{-1}$
4. Masse:	*88 g*		*116 g*

5. Verhältnisgleichung: $\frac{m}{88 \text{ g}} = \frac{1{,}5 \text{ kg}}{116 \text{ g}}$

6. Lösung und Ergebnis: $m = 1{,}14$ kg

7. Antwortsatz: *Um 1,5 kg Butansäureethylester herzustellen, werden rund 1,14 kg Butansäure benötigt.*

3.4 **Experiment:**

– **Plan:** Zuerst gieße ich von den vorgegebenen Lösungen jeweils Stoffproben in weitere Reagenzgläser ab und versetze die Lösungen mit Universalindikatorlösung. Ich erwarte in zwei Reagenzgläsern eine Rotfärbung, das Gemisch im weiteren Reagenzglas muss sich grün färben. Da Schwefelsäurelösung und Citronensäurelösung zu den sauren Lösungen gehören, die Universalindikatorlösung rot färben, ist die Natriumsulfatlösung im Ausschlussverfahren erkannt.
Um schließlich Schwefelsäurelösung von Citronensäurelösung zu unterscheiden, weise ich die Sulfat-Ionen der Schwefelsäurelösung mit Barium-Ionen nach, die z. B. in Bariumchloridlösung enthalten sind. Dabei entsteht ein weißer Niederschlag.

alternativ:
Plan: Zuerst gieße ich von den vorgegebenen Lösungen jeweils Stoffproben in weitere Reagenzgläser ab und versetze die Lösungen mit Bariumchloridlösung. Ich erwarte in zwei Reagenzgläsern einen weißen Niederschlag, das Gemisch im weiteren Reagenzglas muss klar bleiben. Da Schwefelsäurelösung und Natriumsulfatlösung Sulfat-Ionen enthalten, die mit Barium-Ionen einen weißen Niederschlag bilden, ist die Citronensäurelösung im Ausschlussverfahren erkannt.
Um schließlich Schwefelsäurelösung von Natriumsulfatlösung zu unterscheiden, erkenne ich mit Universalindikatorlösung durch Rotfärbung die Schwefelsäurelösung, weil saure Lösungen Universalindikatorlösung rot färben. Da Natriumsulfatlösung eine neutrale Lösung ist, verändert sich die Farbe des Indikators nicht.

– *Führen Sie das geplante Experiment durch. Beachten Sie den Arbeitsschutz.*

– **Beobachtungen** *(Annahme)*:

Nachweismittel	Stoffprobe A	Stoffprobe B	Stoffprobe C
Universalindikator	farblos	rot	rot
Bariumchloridlösung	weißer Niederschlag	weißer Niederschlag	klare Lösung

Für den alternativen Plan ergeben sich die gleichen Beobachtungen, nur die Reihenfolge der Nachweismittel ist ausgetauscht.
Im zweiten Analyseschritt kann die Überprüfung der bereits erkannten Substanz wegfallen.

– **Zuordnung:**

Stoffprobe A	Stoffprobe B	Stoffprobe C
Natriumsulfatlösung	Schwefelsäurelösung	Citronensäurelösung

– $Ba^{2+} + SO_4^{2-} \longrightarrow BaSO_4$

Realschulabschluss 2020 Chemie (Sachsen)
Wahlaufgabe 4: Chemische Reaktionen

BE

4.1 Chemische Reaktionen begleiten unseren Alltag und haben vielfältige Bedeutung.

– Übernehmen Sie die folgende Tabelle und ordnen Sie die gegebenen chemischen Reaktionen einer Bedeutung zu.

Stoffherstellung	Energiebereitstellung	Zerstörung von Stoffen
– Redoxreaktion im Hochofen		– Verwittern von Gestein

a) Fotosynthese
b) Verbrennungsvorgänge im Motor
c) Zellatmung (biologische Oxidation)
d) Rosten von Eisen
e) alkoholische Gärung
f) Polymerisation von Ethen

– Begründen Sie eine Zuordnung. 5

4.2 Im industriellen Maßstab wird Rohsilicium aus Quarzsand und Kohlenstoff gewonnen.

$SiO_2 + 2\,C \longrightarrow Si + 2\,CO$

– Geben Sie die Reaktionsart an.

– Beschreiben Sie das Wesen dieser Reaktionsart. 3

4.3 Experiment: Beeinflussung chemischer Reaktionen

Überprüfen Sie die Wirksamkeit eines Entkalkers, indem Sie einen geeigneten Stoff mit je 5 mL Entkalker unterschiedlicher Temperatur zur Reaktion bringen.

– Fordern Sie einen geeigneten Stoff an, den Sie auf die Wirksamkeit des Entkalkers testen wollen.

– Führen Sie die Experimente durch.

– Notieren Sie Ihre Beobachtungen.

– Werten Sie anhand Ihrer Beobachtungen die Wirksamkeit aus.

– Geben Sie zwei weitere Bedingungen an, die den Verlauf chemischer Reaktionen beeinflussen. 7

4.4 Calciumcarbonat ist eine chemische Verbindung, die in der Natur als Kalkstein, Marmor oder Kreide vorkommt.
Im folgenden Schema ist der technische Kalkkreislauf dargestellt.

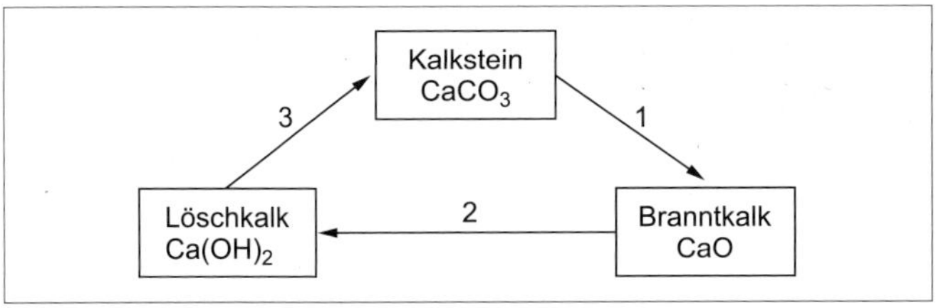

- Benennen Sie die Vorgänge 2 und 3.
- Entwickeln Sie die Reaktionsgleichung für 2.
- Begründen Sie eine Arbeitsschutzmaßnahme beim Umgang mit Löschkalk. 6

4.5 Die thermische Zersetzung von Kalkstein (Calciumcarbonat) ist die Grundlage der Herstellung von Branntkalk (Calciumoxid).

$$CaCO_3 \longrightarrow CaO + CO_2$$

- Berechnen Sie die Masse an Branntkalk, die aus 120 t Kalkstein hergestellt werden kann. 4

25

Lösungen

4.1 –

Stoffherstellung	Energiebereitstellung	Zerstörung von Stoffen
Redoxreaktion im Hochofen	Verbrennungsvorgänge im Motor	Verwittern von Gestein
Fotosynthese	Zellatmung (biologische Oxidation)	Rosten von Eisen
alkoholische Gärung		
Polymerisation von Ethen		

Die alkoholische Gärung könnte auch unter „Zerstörung von Stoffen" eingeordnet werden. Z. B. können gelagerte Früchte spontan anfangen zu gären und werden so ungenießbar.

– *Wählen Sie die Zuordnung aus, für die Ihnen die Begründung leichtfällt.*

Bei der Fotosynthese werden aus den Stoffen Kohlenstoffdioxid und Wasser die Stoffe Traubenzucker und Sauerstoff hergestellt.

alternativ, z. B.:
Im Motor eines Fahrzeuges wird Kraftstoff, z. B. Benzin, verbrannt. Dabei wird Energie frei, die auch in Bewegungsenergie des Fahrzeuges umgewandelt wird.

oder: Bei der Zellatmung werden aus Traubenzucker und Sauerstoff Kohlenstoffdioxid und Wasser hergestellt. Die dabei frei werdende Energie nutzt der Körper z. B. zur Aufrechterhaltung der Körperfunktionen.

oder: Beim Rosten von Eisen werden Bauteile von Geräten und Maschinen durch Sauerstoff und Umwelteinflüsse zerstört, sodass die Funktionalität gestört ist.

oder: Bei der alkoholischen Gärung wird durch Hefepilze aus Traubenzucker Ethanol und Kohlenstoffdioxid hergestellt.

oder: Bei der Polymerisation von Ethen wird der Plastwerkstoff Polyethylen hergestellt, aus dem z. B. Rohre und Folien bestehen.

4.2 – Bei der Reaktion von Siliciumdioxid mit Kohlenstoff zu Silicium und Kohlenstoffmonooxid handelt es sich um eine Redoxreaktion.

– Eine Redoxreaktion ist eine chemische Reaktion, bei der Oxidation und Reduktion gleichzeitig ablaufen. Im vorgegebenen Beispiel wird Siliciumdioxid zu Silicium reduziert und Kohlenstoff zu Kohlenstoffmonooxid oxidiert.

4.3 **Experiment:**

Sie müssen lediglich eine geeignete Chemikalie anfordern. Neben dem Entkalker werden Ihnen an Arbeitsgeräten Reagenzgläser, Reagenzglasständer, Pipetten, Messzylinder und Brenner bereitgestellt. Laut Aufgabenstellung ist es nicht notwendig, dass Sie Ihr experimentelles Vorgehen schriftlich planen.

– Calciumcarbonat, z. B. als Marmor oder Kalkstein

– *Führen Sie das Experiment durch. Beachten Sie den Arbeitsschutz.*
mögliches Vorgehen: Füllen Sie in zwei Reagenzgläser jeweils 5 mL Entkalkerlösung ein. Erwärmen Sie eines der Reagenzgläser mit dem Brenner. Geben Sie in beide Reagenzgläser vergleichbare Stoffproben des Carbonates.

– **Beobachtungen:** In beiden Reagenzgläsern setzt eine Gasentwicklung ein, die jedoch im Reagenzglas mit der erwärmten Lösung heftiger ausfällt.

– **Auswertung:** In beiden Reagenzgläsern finden chemische Reaktionen statt, das Carbonat wird zersetzt. Dabei entsteht als ein Reaktionsprodukt ein Gas (Kohlenstoffdioxid). In der erwärmten Lösung verläuft die chemische Reaktion schneller. Die Wirkung des Entkalkers ist bei höheren Temperaturen intensiver.

– Auch durch veränderte Konzentration der reagierenden Stoffe oder den Einsatz eines Katalysators kann der zeitliche Verlauf einer chemischen Reaktion beeinflusst werden.

alternativ:
Zerteilungsgrad der Stoffe

4.4 *Sie müssen das Schema nicht übernehmen.*

– Vorgang 2 wird als Kalklöschen bezeichnet. Vorgang 3 heißt Abbinden.

– $CaO + H_2O \longrightarrow Ca(OH)_2$

– *Beachten Sie den Operator „Begründen".*

Löschkalk ist die technische Bezeichnung für den Stoff Calciumhydroxid. Hydroxide weisen eine ätzende Wirkung auf. Deshalb sollte beim Umgang mit Löschkalk eine Schutzbrille getragen werden, damit Kalkspritzer nicht die Augen schädigen.

alternativ:
Löschkalk ist die technische Bezeichnung für den Stoff Calciumhydroxid. Hydroxide weisen eine ätzende Wirkung auf. Um direkten Hautkontakt zu vermeiden, sollten Schutzhandschuhe getragen werden.

4.5 – *Im Text ist die Masse des Kalksteins gegeben. Die Reaktionsgleichung enthält die Stoffmengen von Kalkstein und Branntkalk, im Tafelwerk findet man die molaren Massen von Kalkstein (Calciumcarbonat) und Branntkalk (Calciumoxid).*

Berechnung:

Reaktionsgleichung: $CaCO_3 \longrightarrow CaO + CO_2$

Gesucht: m_1 (Branntkalk)

Gegeben: m_2 (Kalkstein) $= 120$ t
$n_1 = 1$ mol $\quad M_1 = 56\ g \cdot mol^{-1}$
$n_2 = 1$ mol $\quad M_2 = 100\ g \cdot mol^{-1}$

Lösung:

$$\frac{m_1}{m_2} = \frac{n_1 \cdot M_1}{n_2 \cdot M_2}$$

$$\frac{m_1}{120\ t} = \frac{1\ mol \cdot 56\ g \cdot mol^{-1}}{1\ mol \cdot 100\ g \cdot mol^{-1}}$$

$$m_1 = 67{,}2\ t$$

Antwortsatz: Aus 120 t Kalkstein können 67,2 t Branntkalk hergestellt werden.

Alternativer Rechenweg:

1. Textanalyse:	*120 t*	*m*
	$CaCO_3$	$\longrightarrow CaO + CO_2$
2. Stoffmenge:	*1 mol*	*1 mol*
3. molare Masse:	$100\ g \cdot mol^{-1}$	$56\ g \cdot mol^{-1}$
4. Masse:	*100 g*	*56 g*

5. Verhältnisgleichung: $\frac{120\ t}{100\ g} = \frac{m}{56\ g}$

6. Lösung und Ergebnis: $m = 67{,}2\ t$

7. Antwortsatz: *Aus 120 t Kalkstein können 67,2 t Branntkalk hergestellt werden.*

Realschulabschluss 2021 Chemie (Sachsen)
Pflichtaufgabe 1: Stoffe – Teilchen – Chemische Reaktionen

BE

1.1 Ihnen wird folgendes Experiment demonstriert:

In einem Standzylinder befinden sich eine brennende Kerze und eine Brausetablette, dazu wird Wasser gegeben.

- Notieren Sie Ihre Beobachtungen.
- Begründen Sie mithilfe Ihrer Beobachtungen, dass bei dieser Reaktion Kohlenstoffdioxid entstanden sein könnte.
- Notieren Sie Name und Formel eines Stoffes, mit dem Kohlenstoffdioxid nachgewiesen werden kann.
- Entwickeln Sie die Reaktionsgleichung für den Nachweis von Kohlenstoffdioxid. 6

1.2 Das Verbrennen einer Kerze ist eine chemische Reaktion, neben Kohlenstoffdioxid entsteht auch Wasser.

- Erläutern Sie ein Merkmal chemischer Reaktionen an diesem Beispiel.
- Geben Sie zwei weitere Merkmale chemischer Reaktionen an. 3

1.3 Kohlenstoffdioxid ist eine Molekülsubstanz.

- Beschreiben Sie den Bau eines Kohlenstoffdioxidmoleküls.
- Notieren und erläutern Sie die Art der chemischen Bindung in Molekülsubstanzen.
- Geben Sie zwei weitere Molekülsubstanzen an. 5

1.4 Die im Experiment benutzte chemische Verbindung Wasser setzt sich aus den Elementen Wasserstoff und Sauerstoff zusammen.

- Leiten Sie für eines der Elemente zwei Aussagen zum Atombau aus dem Periodensystem der Elemente ab.
- Zeichnen und beschriften Sie das Schalenmodell mit vier Angaben für ein Atom des ausgewählten Elementes. 5

1.5 Kerzenwachs enthält auch Kohlenwasserstoffe.

- Wählen Sie aus den folgenden Verbindungen die Kohlenwasserstoffe aus, notieren Sie deren Name und Formel.
  Butan, Ethanol, Ethansäure, Ethen, Harnstoff, Methan
- Begründen Sie eine Ihrer Zuordnungen.
- Notieren Sie für einen dieser Kohlenwasserstoffe vier Angaben zu Eigenschaften und Verwendungsmöglichkeiten. 6

25

Lösungen

1.1 *Es ist davon auszugehen, dass das Demonstrationsexperiment in folgender Weise vorgeführt wurde: In einem Standzylinder befinden sich eine brennende Kerze und eine Brausetablette. Dann wird Wasser mit einer Pipette auf die Brausetablette gegeben.*

– *Beachten Sie, dass Sie zunächst die Beobachtungen notieren sollen.*

Beobachtungen: Sobald das Wasser auf die Brausetablette trifft, setzt ein heftiges Aufsprudeln ein. Nach kurzer Zeit wird die Kerzenflamme immer kleiner, bis sie schließlich erlischt.

– *Beachten Sie den Operator „Begründen".*

Das Aufsprudeln weist auf eine Gasentwicklung hin. Weil die Kerze erlischt, muss ein nicht brennbares, erstickend wirkendes Gas entstanden sein. Diese Eigenschaften besitzt Kohlenstoffdioxid.

– Kohlenstoffdioxid kann mit Bariumhydroxidlösung $Ba(OH)_2$ nachgewiesen werden.
alternativ:
Kohlenstoffdioxid kann mit Calciumhydroxidlösung $Ca(OH)_2$ nachgewiesen werden.

– $CO_2 + Ba(OH)_2 \longrightarrow BaCO_3 + H_2O$
alternativ:
$CO_2 + Ca(OH)_2 \longrightarrow CaCO_3 + H_2O$

1.2 – *Beachten Sie den Operator „Erläutern" und beziehen Sie Ihre Ausführungen auf die genannte chemische Reaktion.*

Bei einer chemischen Reaktion findet eine Stoffumwandlung statt. Aus dem festen, brennbaren Kerzenmaterial und dem in der Luft enthaltenen gasförmigen Sauerstoff entstehen das gasförmige, erstickend wirkende Kohlenstoffdioxid und Wasser, das zunächst als Wasserdampf vorkommt und beim Abkühlen als Flüssigkeit auftritt.
alternativ:
Bei einer chemischen Reaktion findet eine Energieumwandlung statt. Die chemische Energie der Ausgangsstoffe Wachs oder Paraffin und Sauerstoff wird zum Teil in Wärmeenergie und Lichtenergie umgewandelt.
oder:
Bei einer chemischen Reaktion findet eine Teilchenveränderung statt. Aus den Teilchen des Kerzenmaterials – z. B. Kohlenwasserstoffmoleküle – und Sauerstoffmolekülen entstehen Kohlenstoffdioxidmoleküle und Wassermoleküle.
oder:
Bei einer chemischen Reaktion findet ein Umbau der chemischen Bindung statt. Aus der Atombindung im Kerzenmaterial – z. B. zwischen Kohlenstoffatomen und Wasserstoffatomen – und der Atombindung im Sauerstoffmolekül zwischen jeweils zwei Sauerstoffatomen entstehen Atombindungen im Kohlenstoffdioxidmolekül zwischen jeweils einem Kohlenstoffatom und zwei Sauerstoffatomen sowie im Wassermolekül zwischen jeweils zwei Wasserstoffatomen und einem Sauerstoffatom.

– *Je nach Beantwortung der ersten Teilfrage können Sie zwei andere Merkmale nennen z. B.:*

Weitere Merkmale einer chemischen Reaktion sind Energieumwandlung und Teilchenumwandlung.

1.3 – Im Kohlenstoffdioxidmolekül ist ein Kohlenstoffatom mit zwei Sauerstoffatomen durch gemeinsame Elektronenpaare verbunden.

– *Sie sind aufgefordert, die Art der chemischen Bindung zu nennen und zu erläutern:*

In Molekülsubstanzen liegt Atombindung vor. Dabei werden zwischen den Atomen gemeinsame Elektronenpaare ausgebildet.

– Molekülsubstanzen sind z. B. Wasser und Sauerstoff.

alternativ, z. B.:
Wasserstoff, Stickstoff, Methan, Ethen, Chlorwasserstoff, …

1.4 – *Beachten Sie, dass die Angaben zum Bau des Wasserstoffatoms oder des Sauerstoffatoms aus der Stellung des Elements im Periodensystem der Elemente abzuleiten sind.*

Im Periodensystem der Elemente hat **Wasserstoff** die Ordnungszahl 1, das heißt, das Wasserstoffatom hat 1 Proton und 1 Elektron. Da Wasserstoff in der I. Hauptgruppe steht, verfügt das Wasserstoffatom über 1 Außenelektron.

alternativ:
Aus der Einordnung in die 1. Periode des Periodensystems erkenne ich, dass das Wasserstoffatom 1 besetzte Elektronenschale hat.

oder:
Im Periodensystem der Elemente hat **Sauerstoff** die Ordnungszahl 8, das heißt, das Sauerstoffatom hat 8 Protonen und 8 Elektronen. Da Sauerstoff in der VI. Hauptgruppe steht, verfügt das Sauerstoffatom über 6 Außenelektronen.

alternativ:
Aus der Einordnung in die 2. Periode des Periodensystems erkenne ich, dass das Sauerstoffatom 2 besetzte Elektronenschalen hat.

– **Wasserstoffatom:**

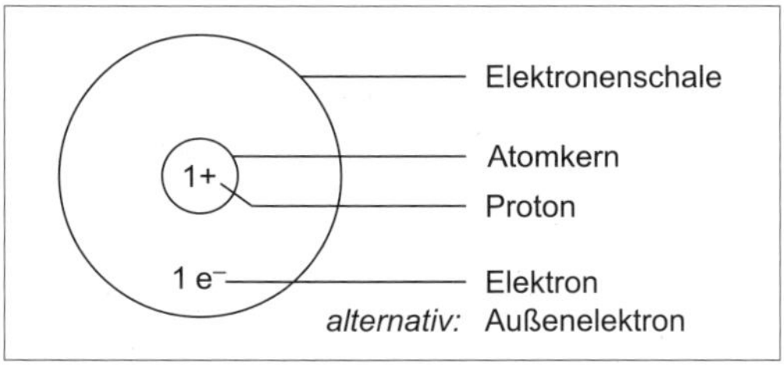

alternativ:
Sauerstoffatom:

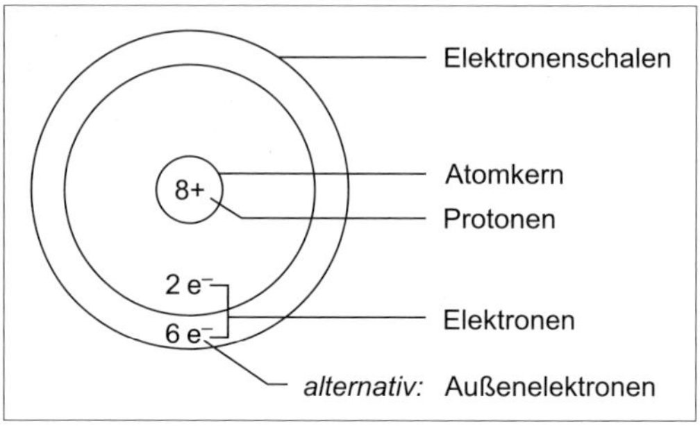

1.5 – Zu den Kohlenwasserstoffen gehören Butan, Ethen und Methan.

Da in der Aufgabenstellung keine konkrete Art der Formel gefordert ist, reicht die Summenformel aus. Sie können auch die jeweilige Formel aus Ihrem Tafelwerk abschreiben.

Butan C_4H_{10} *oder* $CH_3-CH_2-CH_2-CH_3$ *oder* $CH_3-(CH_2)_2-CH_3$

Ethen C_2H_4 *oder* $CH_2=CH_2$

Methan CH_4

– **Butan** gehört zu den Kohlenwasserstoffen, weil das Molekül ausschließlich aus Kohlenstoffatomen und Wasserstoffatomen aufgebaut ist.

alternativ:
Ethen gehört zu den Kohlenwasserstoffen, weil das Molekül ausschließlich aus Kohlenstoffatomen und Wasserstoffatomen aufgebaut ist.

oder:
Methan gehört zu den Kohlenwasserstoffen, weil das Molekül ausschließlich aus einem Kohlenstoffatom und Wasserstoffatomen aufgebaut ist.

– *Wählen Sie ein Beispiel aus, und nutzen Sie auch die Angaben des Tafelwerkes.*

Butan: Eigenschaften: gasförmig, Dichte $2{,}703\ g \cdot L^{-1}$, farblos
Verwendung: Heizgas

alternativ:
Ethen: Eigenschaften: gasförmig, brennbar, farblos
Verwendung: Herstellung von Polyethylen

oder:
Methan: Eigenschaften: farblos, brennbar, Schmelztemperatur –182,5 °C
Verwendung: Heizgas

BE

2.1 Lesen Sie den Text „Wie wird ein Metallimplantat zum Knochen?“ und bearbeiten Sie die nachstehenden Aufgaben.

> **Wie wird ein Metallimplantat zum Knochen?**
>
> Anders als oft behauptet, ist ein Knochen nach einem Bruch nicht härter. Ganz im Gegenteil. Er benötigt Zeit, um „auszuhärten“. Mediziner überbrücken diese Risikophase in der Regel dadurch, dass sie den Bruch übergangsweise mit einer Metallschraube stabilisieren. Doch so praktisch diese Therapie ist – sie hat auch einen großen Nachteil: Die Schrauben müssen in einer zweiten Operation entfernt werden. Für den Patienten ist das eine enorme Belastung.
>
> Jetzt hat ein Medizintechnikunternehmen ein Material entwickelt, das eine zweite Operation überflüssig macht. Die Magnesiumlegierung besteht aus Magnesium und seltenen Metallen wie Yttrium und Neodym. Sie ist nicht nur ebenso stabil wie Titan oder Stahl, sondern auch bioresorbierbar. Das bedeutet, die neuentwickelten Schrauben lösen sich nach einiger Zeit im Zusammenspiel mit normalen Stoffwechselprozessen im Körper fast vollständig auf. Weitere Vorteile sind, dass sie das natürliche Knochenwachstum um die Bruchstelle herum fördern und antibakteriell sind, also Infektionen vorbeugen.

- Notieren Sie drei Eigenschaften der Magnesiumlegierung, welche ihren Einsatz in der Medizin rechtfertigen.
- Begründen Sie, warum Legierungen zu den Stoffgemischen gehören.
- Geben Sie zwei weitere Beispiele für Legierungen an. 5

2.2 <u>Experiment:</u> Reaktion unedler Metalle

Magnesium gehört zu den unedlen Metallen.

a) Überprüfen Sie diese Aussage experimentell.
b) Bestätigen Sie die Richtigkeit Ihres Vorgehens an einem weiteren unedlen Metall.

- Planen Sie Ihr experimentelles Vorgehen und legen Sie den Plan dem Lehrer vor.
- Führen Sie die Experimente durch.
- Notieren Sie Ihre Beobachtungen.
- Werten Sie Ihre Beobachtungen aus.
- Entwickeln Sie die Reaktionsgleichung für eine der abgelaufenen chemischen Reaktionen.
- Geben Sie zwei Eigenschaften aller Metalle an. 10

2.3 Magnesium reagiert mit Siliciumdioxid zu Rohsilicium.

$$2\,Mg + SiO_2 \longrightarrow 2\,MgO + Si$$

- Ordnen Sie diese chemische Reaktion einer Reaktionsart zu.
- Begründen Sie Ihre Zuordnung anhand der Reaktionsgleichung.
- Geben Sie die Funktion von Magnesium bei dieser chemischen Reaktion an. 4

2.4 Magnesium kommt auch in Feuerwerkskörpern zum Einsatz. Dabei läuft folgende Reaktion ab:

$$2\,Mg + O_2 \longrightarrow 2\,MgO$$

- Berechnen Sie die Masse von Magnesiumoxid, die bei der Verbrennung von 17 kg Magnesium entsteht.
- Stellen Sie einen Zusammenhang zwischen Eigenschaft und Verwendung für Magnesium an diesem Beispiel her. 6

25

Lösungen

2.1
- Die Magnesiumlegierung ist stabil wie Titan oder Stahl, bioresorbierbar und fördert das natürliche Knochenwachstum.

  weitere Angabe im Text: Die Magnesiumlegierung wirkt antibakteriell.
- Stoffgemische bestehen aus mehreren Reinstoffen. Im Falle einer Legierung sind die Komponenten verschiedene Metalle.
- Zwei andere Beispiele für Legierungen sind Stahl und Bronze.

  alternativ, z. B.:
  Messing, Lötzinn

2.2 **Experiment:**
- **Plan:** Unedle Metalle reagieren mit verdünnten Säuren. Dabei entsteht als ein Reaktionsprodukt das Gas Wasserstoff. Neben Magnesium ist auch Zink ein unedles Metall. In zwei Reagenzgläser gebe ich jeweils eine Stoffprobe der Metalle und versetze diese mit verdünnter Chlorwasserstoffsäure. Es müsste eine Gasentwicklung erfolgen und das Metall zersetzt werden.
- *Führen Sie die geplanten Experimente durch. Beachten Sie den Arbeitsschutz.*
- **Beobachtungen:** An der Oberfläche der Metalle bilden sich Gasblasen, die nach oben steigen. Nach einiger Zeit ist das Magnesium zersetzt, beim Zink verläuft die Zersetzung langsamer.
- **Auswertung:** Das Experiment ist entsprechend des Planes verlaufen. Magnesium und Zink sind unedle Metalle.
- $Mg + 2\,HCl \longrightarrow MgCl_2 + H_2$

  alternativ:

  $Zn + 2\,HCl \longrightarrow ZnCl_2 + H_2$

– Alle Metalle leiten den elektrischen Strom und besitzen eine gute Wärmeleitfähigkeit.

alternativ, z. B.:
Alle Metalle weisen den charakteristischen metallischen Glanz auf und sind biegbar.

2.3 – Die angegebene Reaktion ist ein Beispiel für eine Redoxreaktion.

– **Begründung:** Bei einer Redoxreaktion laufen Oxidation und Reduktion gleichzeitig ab. In diesem Falle wird Magnesium zu Magnesiumoxid oxidiert und Siliciumdioxid zu Silicium reduziert.

– Magnesium ist das Reduktionsmittel.

2.4 – *Im Text ist die Masse von Magnesium gegeben, die Reaktionsgleichung enthält die Stoffmengen von Magnesium und Magnesiumoxid. Im Tafelwerk findet man die molaren Massen von Magnesium und Magnesiumoxid.*

Berechnung:

Reaktionsgleichung: $2\,Mg + O_2 \longrightarrow 2\,MgO$

Gesucht: m_1 (Magnesiumoxid)

Gegeben: m_2 (Magnesium) = 17 kg

$n_1 = 2$ mol $\qquad M_1 = 40{,}3\ g \cdot mol^{-1}$

$n_2 = 2$ mol $\qquad M_2 = 24{,}3\ g \cdot mol^{-1}$

Lösung: $\dfrac{m_1}{m_2} = \dfrac{n_1 \cdot M_1}{n_2 \cdot M_2}$

$$\frac{m_1}{17\ kg} = \frac{2\ mol \cdot 40{,}3\ g \cdot mol^{-1}}{2\ mol \cdot 24{,}3\ g \cdot mol^{-1}}$$

$$m_1 = 28{,}2\ kg$$

Antwortsatz: Beim Verbrennen von 17 kg Magnesium entstehen 28,2 kg Magnesiumoxid.

Alternativer Rechenweg:

1. Textanalyse:	*17 kg*	*m*
	$2\,Mg + O_2 \longrightarrow$	$2\,MgO$
2. Stoffmenge:	*2 mol*	*2 mol*
3. molare Masse:	$24{,}3\ g \cdot mol^{-1}$	$40{,}3\ g \cdot mol^{-1}$
4. Masse:	*48,6 g*	*80,6 g*

5. Verhältnisgleichung: $\dfrac{17\ kg}{48{,}6\ g} = \dfrac{m}{80{,}6\ g}$

6. Lösung und Ergebnis: $m = 28{,}2\ kg$

7. Antwortsatz: Beim Verbrennen von 17 kg Magnesium entstehen 28,2 kg Magnesiumoxid.

– Magnesium ist leicht entzündbar und verbrennt mit einer grell leuchtenden Flamme. Deshalb kann es für Feuerwerkskörper eingesetzt werden.

BE

3.1 Lesen Sie den Text „Fossile Energieträger vs. Biogas“ und bearbeiten Sie die nachstehenden Aufgaben.

Fossile Energieträger vs. Biogas

Millionen Fabriken auf der Erde verbrauchen Bodenschätze. Wichtige Bodenschätze sind Erdgas und Erdöl. Wobei Erdgas fast hauptsächlich aus Methan besteht, kann das Erdöl in Raffinerien durch Destillation in verschiedene Fraktionen getrennt werden. Die enthaltenen Kohlenwasserstoffe, z. B. Octan und Decan, werden als Bestandteil von Benzin und Diesel für den Antrieb von Kraftfahrzeugen genutzt.

Das Betanken eines Autos ist kein ungefährlicher Vorgang. Die größte Gefahrenquelle ist, dass die austretenden Benzindämpfe leicht entzündlich sind. Zündet man die Benzindämpfe an, so schlägt die Flamme bis zur Quelle zurück. Ähnlich gefährlich kann das Austreten von Erdgas bei undichten Heizgasleitungen sein. Ein Geruchsstoff wird dem farblosen, sehr leichten Gas zugesetzt, um es im Falle einer Ausbreitung wahrzunehmen.

Beide fossilen Energieträger stehen nicht unbegrenzt zur Verfügung. Die Herstellung von Biogas aus Biomasse ist eine Alternative, dabei wird jedoch ein Teil der landwirtschaftlichen Anbaufläche gebunden. Während Erdöl und Erdgas über Millionen von Jahren aus organischem Material gebildet wurden, kann Biogas in kurzer Zeit durch hohen Druck und hohe Temperaturen mithilfe von Bakterien hergestellt werden.

– Übernehmen Sie folgende Tabelle in Ihre Aufzeichnungen, verwenden Sie die im Text aufgeführten Informationen und füllen Sie die Felder in der Tabelle aus.

Fossile Energieträger		Erdöl
ein enthaltener Bestandteil		
gemeinsame Eigenschaft der Bestandteile		
unterschiedliche Eigenschaft der Bestandteile		
Verwendung eines Bestandteils		

– Geben Sie am Beispiel von Biogas einen Vorteil und einen Nachteil alternativer Energieträger an. 6

3.2 Energieträger enthalten eine Vielzahl von organischen Stoffen.

- Vergleichen Sie den Bau von Ethin und Butan. Geben Sie eine Gemeinsamkeit und drei Unterschiede an.
- Entwickeln Sie die Reaktionsgleichung für die vollständige Verbrennung von Ethin. 6

3.3 <u>Experiment:</u> Identifizieren von Stoffen

In mit A, B, C und D gekennzeichneten Gefäßen befinden sich Stoffproben von Ethanol, Natriumchloridlösung, destilliertes Wasser und Natriumhydroxidlösung. Identifizieren Sie die Stoffproben, indem Sie folgende Experimente durchführen. Übernehmen Sie die Tabelle in Ihre Arbeit.

Experiment	**A**	**B**	**C**	**D**
Prüfen der elektrischen Leitfähigkeit				
Brennbarkeit				
Prüfen mit Universalindikator				
Stoffzuordnung				

- Führen Sie die Experimente durch.
- Notieren Sie Ihre Beobachtungen in der Tabelle.
- Ordnen Sie die Stoffproben den Gefäßen A, B, C und D zu.
- Begründen Sie für zwei Stoffproben Ihre Zuordnung anhand der Beobachtungen.
- Geben Sie den Stoff an, der als Energieträger geeignet ist. 9

3.4 Bei der Verbrennung von Kraftstoff läuft unter anderem folgende chemische Reaktion ab:

$$2\,C_8H_{18} + 25\,O_2 \longrightarrow 16\,CO_2 + 18\,H_2O$$

- Berechnen Sie das Volumen an Kohlenstoffdioxid, welches bei der Verbrennung von 8 kg Octan entsteht. 4

25

Lösungen

3.1 – *Beachten Sie, dass die Lösung in Tabellenform erfolgen muss, und benutzen Sie die Aussagen aus dem Text.*

Fossile Energieträger	Erdgas	Erdöl
ein enthaltener Bestandteil	Methan	Kohlenwasserstoffe z. B. Octan, Decan
gemeinsame Eigenschaft der Bestandteile	leicht entzündlich	Dämpfe sind leicht entzündlich
unterschiedliche Eigenschaft der Bestandteile	farblos, sehr leicht, gasförmig	flüssig
Verwendung eines Bestandteils	Heizgas	Antrieb von Kraftfahrzeugen

– Als Nachteil alternativer Energieträger erkenne ich aus dem Text, dass durch diese ein Teil der landwirtschaftlichen Anbaufläche gebunden ist. Als Vorteil wird aufgeführt, dass Biogas in kurzer Zeit hergestellt werden kann.

3.2 – **Gemeinsamkeit:** Ethin und Butan sind aus den Elementen Kohlenstoff und Wasserstoff aufgebaut.

alternativ:
Die Kohlenstoffatome und Wasserstoffatome sind jeweils durch ein gemeinsames Elektronenpaar verbunden.

Unterschiede:
Im Ethinmolekül sind 2 Kohlenstoffatome enthalten, im Butanmolekül sind es 4 Kohlenstoffatome.
Im Ethinmolekül sind 2 Wasserstoffatome enthalten, im Butanmolekül sind es 10 Wasserstoffatome.
Im Ethinmolekül sind die Kohlenstoffatome durch drei gemeinsame Elektronenpaare verbunden, im Butanmolekül sind die Kohlenstoffatome jeweils durch ein gemeinsames Elektronenpaar verbunden.

Alternativ können Sie die Lösung auch in Tabellenform angeben:

Vergleich	**Ethin**	**Butan**
Gemeinsamkeit	Elemente Kohlenstoff und Wasserstoff	
Unterschiede	2 Kohlenstoffatome im Molekül	4 Kohlenstoffatome im Molekül
	2 Wasserstoffatome im Molekül	10 Wasserstoffatome im Molekül
	Dreifachbindung zwischen den Kohlenstoffatomen	Einfachbindung zwischen den Kohlenstoffatomen

– $2\,C_2H_2 + 5\,O_2 \longrightarrow 4\,CO_2 + 2\,H_2O$

3.3 – *Führen Sie die vorgegebenen Experimente durch. Beachten Sie den Arbeitsschutz.*

– **Beobachtungen und Stoffzuordnung:**

Experiment	**A**	**B**	**C**	**D**
Prüfen der elektrischen Leitfähigkeit	Die Lampe leuchtet nicht.	Die Lampe leuchtet.	Die Lampe leuchtet nicht.	Die Lampe leuchtet.
Brennbarkeit	brennt mit nicht leuchtender Flamme	brennt nicht	brennt nicht	brennt nicht
Prüfen mit Universalindikator	hellgrün, leicht gelb	grün	grün	blau
Stoffzuordnung	Ethanol	Natriumchloridlösung	destilliertes Wasser	Natriumhydroxidlösung

– *Entscheiden Sie sich für die zwei Stoffproben, bei denen Ihnen die Begründung leichtfällt.*

Beispiele:
Da Ethanol der einzige brennbare Stoff ist, muss er im Gefäß A sein.
Nur Natriumhydroxid bildet in der Lösung Hydroxid-Ionen, die Universalindikatorlösung blau färben. Deshalb ist diese Lösung im Gefäß D.

alternativ:
In Natriumchloridlösung kommen frei bewegliche Natrium-Ionen und Chlorid-Ionen vor, deshalb wird elektrischer Strom geleitet und die Lampe leuchtet. Diese Ionen beeinflussen die Farbe des Universalindikators nicht. Deshalb ist im Gefäß B Natriumchloridlösung.

oder:
Destilliertes Wasser brennt nicht und hat einen neutralen pH-Wert. Deshalb befindet es sich im Gefäß C.

– Als Energieträger ist Ethanol geeignet.

3.4 – *Im Text ist die Masse von Octan gegeben, die Reaktionsgleichung enthält die Stoffmengen von Octan und Kohlenstoffdioxid. Im Tafelwerk findet man die molare Masse von Octan. Das molare Volumen der Gase beträgt 22,4 L ·mol^{-1}.*

Berechnung:

Reaktionsgleichung: $2\ C_8H_{18} + 25\ O_2 \longrightarrow 16\ CO_2 + 18\ H_2O$

Gesucht: V_1 (Kohlenstoffdioxid)

Gegeben: m_2 (Octan) = 8 kg

$n_1 = 16$ mol $V_m = 22{,}4\ L \cdot mol^{-1}$

$n_2 = 2$ mol $M_2 = 114{,}2\ g \cdot mol^{-1}$

Lösung: $\frac{V_1}{m_2} = \frac{n_1 \cdot V_m}{n_2 \cdot M_2}$

$$\frac{V_1}{8\text{ kg}} = \frac{16\text{ mol} \cdot 22{,}4\text{ L} \cdot \text{mol}^{-1}}{2\text{ mol} \cdot 114{,}2\text{ g} \cdot \text{mol}^{-1}}$$

$$\frac{V_1}{8000\text{ g}} = \frac{16\text{ mol} \cdot 22{,}4\text{ L} \cdot \text{mol}^{-1}}{2\text{ mol} \cdot 114{,}2\text{ g} \cdot \text{mol}^{-1}}$$

$$V_1 = 12\,553\text{ L}$$

Antwortsatz: Beim Verbrennen von 8 kg Octan entstehen rund 12 600 Liter Kohlenstoffdioxid.

Alternativer Rechenweg:

1. Textanalyse: *8 kg* → *V*

$$2\ C_8H_{18} + 25\ O_2 \longrightarrow 16\ CO_2 + 18\ H_2O$$

2. Stoffmenge: *2 mol* | *16 mol*

3. molare Masse: *114,2 g · mol⁻¹* | *22,4 L · mol⁻¹*

4. Masse: *228,4 g* | *358,4 L*

5. Verhältnisgleichung: $\frac{8\ kg}{228{,}4\ g} = \frac{V}{358{,}4\ L}$

6. Lösung und Ergebnis: $V = 12\,553\ L$

7. Antwortsatz: Beim Verbrennen von 8 kg Octan entstehen rund 12 600 Liter Kohlenstoffdioxid.

BE

4.1 Wasser ist ein lebensnotwendiger Stoff und kommt in unserem Alltag als Trinkwasser – Brauchwasser – Kühlmittel – Lösungsmittel – Lebensmittel – Transportmittel – Reinigungsmittel vor.

- Wählen Sie zwei der aufgeführten Begriffe aus und erläutern Sie diese an je einem konkreten Beispiel.
- Positionieren Sie sich zum sparsamen Umgang mit Wasser. 6

4.2 Experiment: Identifizieren von Stoffen

Sie erhalten in den Gefäßen A, B und C Proben von Leitungswasser, kohlensäurehaltigem Mineralwasser und destilliertem Wasser.
Identifizieren Sie die drei Stoffproben.

- Planen Sie Ihr experimentelles Vorgehen und legen Sie den Plan dem Lehrer vor.
- Führen Sie die Experimente durch.
- Notieren Sie Ihre Beobachtungen.
- Ordnen Sie die Stoffe den Gefäßen A, B und C zu.
- Begründen Sie eine Zuordnung. 9

4.3 Bei der elektrolytischen Zerlegung von Wasser entstehen Wasserstoff und Sauerstoff.

$$2\,H_2O \longrightarrow 2\,H_2 + O_2$$

- Berechnen Sie das Volumen an Wasserstoff, das bei der Zerlegung von 205 kg Wasser entsteht. 4

4.4 Wasser kann mit Nichtmetalloxiden und Metalloxiden reagieren.

- Notieren Sie Name und Formel eines Nichtmetalloxides und eines Metalloxides.
- Entwickeln Sie die Reaktionsgleichung für die chemische Reaktion eines Oxides mit Wasser.
- Erläutern Sie die Bedeutung des entstehenden Reaktionsproduktes. 6

25

4.1 – **Trinkwasser:** Für Trinkwasser gelten gesetzliche Bestimmungen, es wird chemisch genau analysiert. Deshalb kann es als Getränk und zur Zubereitung von Nahrung uneingeschränkt genutzt werden.

Brauchwasser: Brauchwasser kann bei technischen, gewerblichen, landwirtschaftlichen und hauswirtschaftlichen Anwendungen eingesetzt werden, wenn keine Trinkwasserqualität erforderlich ist, z. B. bei der Toilettenspülung, beim Bewässern und beim Kühlen.

alternativ:
Kühlmittel: Da Wasser eine hohe Wärmekapazität besitzt und beim Verdampfen eine große Wärmemenge aufnimmt, kann es als Kühlmittel eingesetzt werden.

Lösungsmittel: Viele Stoffe sind in Wasser löslich. Deshalb kann es z. B. für die Entfernung von Flecken oder zur Verdünnung von Gefahrstoffen genutzt werden.

Lebensmittel: Der menschliche Körper besteht zu einem hohen Anteil aus Wasser, das in Schweiß und Urin abgegeben wird. Deshalb muss es dem Organismus ständig zugeführt werden.

Transportmittel: Auf Wasserstraßen werden Handelsobjekte in großen Mengen transportiert. Auch im Körper können wichtige Mineralstoffe durch Wasser verteilt werden.

Reinigungsmittel: In Industrie, Landwirtschaft und Haushalt können durch Wasser Schadstoffe weggeschwemmt werden. Dadurch werden Hygienestandards eingehalten und z. B. Erkrankungen vermieden.

– *Beachten Sie den Operator „Positionieren", bringen Sie deshalb Ihre Meinung klar zum Ausdruck.*

Da Wasser ein lebensnotwendiger Stoff ist, der nur in begrenzten Mengen zur Verfügung steht, gehe ich mit Wasser sparsam um. So benutze ich nach Möglichkeit bei der Toilettenspülung die Spartaste.

alternativ, z. B.:
Zum Bewässern im Grundstück nutzen wir ein Regenwassersammelbecken. So können wir Trinkwasser einsparen.

oder:
Beim Einsatz des Geschirrspülers achten wir zu Hause darauf, dass wir ein Programm wählen, bei dem wenig Wasser verbraucht wird, und dass der Spüler vollständig gefüllt ist.

4.2 **Experiment:**

– **Plan:** In kohlensäurehaltigem Mineralwasser ist u. a. Kohlenstoffdioxid gelöst, das beim Erwärmen als Gas entweicht. Leitungswasser hat einen Anteil von gelösten Stoffen, die beim Eindampfen als Rückstand bleiben. Destilliertes Wasser ist der reine chemische Stoff und verdampft ohne Rückstände. Damit müsste es ausreichen, die Stoffproben zu erhitzen. Dazu dampfe ich jeweils in einem Reagenzglas eine geringe Menge ein.

alternativ:
Plan: In Mineralwasser und Leitungswasser sind verschiedene Salze gelöst, so auch Chloride. Die Chlorid-Ionen kann ich mit Silbernitratlösung nachweisen. Dabei entsteht ein weißer Niederschlag. Im destillierten Wasser geht der Nachweis negativ aus. Aus dem kohlensäurehaltigen Mineralwasser entweicht Kohlenstoffdioxid, das als Gasblasen erkennbar ist. Eindeutig kann ich Kohlenstoffdioxid durch Bariumhydroxidlösung nachweisen. Ein an einem Glasstab hängender Tropfen der Nachweislösung überzieht sich mit einer trüben Schicht.

Mithilfe der Prüfung auf elektrische Leitfähigkeit kann man destilliertes Wasser (keine elektrische Leitfähigkeit) auch von den beiden anderen Stoffproben unterscheiden. Das weitere Vorgehen könnte wie bereits angegeben erfolgen.

– *Führen Sie die geplanten Experimente durch. Beachten Sie den Arbeitsschutz.*

– **Beobachtungen:**
Stoffprobe A: Nach kurzem Erhitzen beginnt die Stoffprobe zu sieden. Wasserdampf steigt auf. Am Ende zeigen sich am Reagenzglas trübe Absetzungen.
Stoffprobe B: Bereits beim Abfüllen in ein Reagenzglas sind Gasbläschen an der Reagenzglaswand zu sehen. Durch das Erhitzen intensiviert sich die Gasentwicklung. Wenn die Flüssigkeit vollständig verdampft ist, bleiben trübe Ablagerungen sichtbar.
Stoffprobe C: Die Flüssigkeit verdampft vollständig. Es gibt keine weiteren Beobachtungen.

alternativ:
Beim Zutropfen von Silbernitratlösung entsteht in den Stoffproben A und B jeweils ein weißer Niederschlag. Die Stoffprobe C bleibt klar. Aus der Stoffprobe B entweichen Gasblasen. Dieses Gas trübt einen Tropfen Bariumhydroxidlösung, der an einem darübergehaltenen Glasstab hängt.

– Im Gefäß A ist Leitungswasser, im Gefäß B kohlensäurehaltiges Mineralwasser und im Gefäß C destilliertes Wasser.

– **Begründung:** Weil destilliertes Wasser chemisch reines Wasser ist, bleiben beim Eindampfen keine Stoffe zurück. Das ist nur bei der Stoffprobe C zutreffend.

alternativ:
Aus kohlensäurehaltigem Mineralwasser entweicht Kohlenstoffdioxid als Gas. Das ist deutlich bei Stoffprobe B zu sehen. Auch der Kohlenstoffdioxidnachweis war positiv.

4.3 *Im Text ist die Masse von Wasser gegeben, die Reaktionsgleichung enthält die Stoffmengen von Wasser und Wasserstoff. Im Tafelwerk findet man die molare Masse von Wasser. Das molare Volumen der Gase beträgt 22,4 L · mol⁻¹.*

– **Berechnung:**
Reaktionsgleichung: $2\,H_2O \longrightarrow 2\,H_2 + O_2$

Gesucht: V_1 (Wasserstoff)

Gegeben: m_2 (Wasser) = 205 kg
$n_1 = 2\text{ mol}$ $V_m = 22{,}4\text{ L}\cdot\text{mol}^{-1}$
$n_2 = 2\text{ mol}$ $M_2 = 18\text{ g}\cdot\text{mol}^{-1}$

Lösung: $$\frac{V_1}{m_2} = \frac{n_1 \cdot V_m}{n_2 \cdot M_2}$$

$$\frac{V_1}{205\text{ kg}} = \frac{2\text{ mol}\cdot 22{,}4\text{ L}\cdot\text{mol}^{-1}}{2\text{ mol}\cdot 18\text{ g}\cdot\text{mol}^{-1}}$$

$$\frac{V_1}{205000\text{ g}} = \frac{2\text{ mol}\cdot 22{,}4\text{ L}\cdot\text{mol}^{-1}}{2\text{ mol}\cdot 18\text{ g}\cdot\text{mol}^{-1}}$$

$$V_1 = 255\,111\text{ L}$$

Antwortsatz: Bei der Zerlegung von 205 kg Wasser entstehen rund 255 000 Liter Wasserstoff.

Alternativer Rechenweg:

1. Textanalyse:	$205\ kg$	V
	$2\ H_2O \longrightarrow$	$2\ H_2 + O_2$
2. Stoffmenge:	$2\ mol$	$2\ mol$
3. molare Masse:	$18\ g \cdot mol^{-1}$	$22{,}4\ L \cdot mol^{-1}$
4. Masse:	$36\ g$	$44{,}8\ L$

5. Verhältnisgleichung:

$$\frac{205\ kg}{36\ g} = \frac{V}{44{,}8\ L}$$

$$\frac{205000\ g}{36\ g} = \frac{V}{44{,}8\ L}$$

6. Lösung und Ergebnis: $V = 255\,111\ L$

7. Antwortsatz: Bei der Zerlegung von 205 kg Wasser entstehen rund 255 000 Liter Wasserstoff.

4.4 – *Beachten Sie bei der Auswahl der Beispiele die Anforderungen in den folgenden Teilen der Aufgabe.*

Nichtmetalloxid: Schwefeltrioxid SO_3

alternativ, z. B.:
Schwefeldioxid SO_2, Kohlenstoffdioxid CO_2, Stickstoffdioxid NO_2, Diphosphorpentaoxid P_4O_{10}

Metalloxid: Calciumoxid CaO

alternativ, z. B.:
Magnesiumoxid MgO, Aluminiumoxid Al_2O_3, Blei(II)-oxid PbO, Eisen(III)-oxid Fe_2O_3, Kupfer(I)-oxid Cu_2O

– $CaO + H_2O \longrightarrow Ca(OH)_2$

alternativ:

$SO_3 + H_2O \longrightarrow H_2SO_4$

– Das entstehende Reaktionsprodukt Calciumhydroxid findet in der Industrie unter der Bezeichnung „Löschkalk“ Verwendung als Baustoff und Düngemittel.

alternativ:
Das entstehende Reaktionsprodukt Schwefelsäure ist ein bedeutender Grundstoff in der chemischen Industrie z. B. für die Herstellung von Metallen und Düngemitteln.

Realschulabschluss 2022 Chemie (Sachsen)
Pflichtaufgabe 1: Stoffe – Teilchen – Chemische Reaktionen

BE

1.1 Ihnen wird folgendes Experiment demonstriert:

Eine Kochsalzlösung wird für einen Ionennachweis mit Silbernitrat-Lösung versetzt.

– Notieren Sie Ihre Beobachtung.
– Geben Sie Name und chemisches Zeichen des nachgewiesenen Teilchens an.
– Entwickeln Sie die Reaktionsgleichung in verkürzter Ionenschreibweise für diese Nachweisreaktion.
– Begründen Sie mithilfe Ihrer Beobachtung, dass eine chemische Reaktion abgelaufen ist.
– Notieren Sie zwei weitere Merkmale chemischer Reaktionen. 7

1.2 Stoffe sind aus Teilchen aufgebaut.

– Übernehmen Sie folgende Tabelle in Ihre Arbeit und ergänzen Sie diese.

Name des Teilchens	chemisches Zeichen des Teilchens	Anzahl der Protonen	Anzahl der Elektronen	Anzahl der Außen-elektronen	Anzahl der besetzten Elektronen-schalen
		11	10		
Chloratom	Cl				

– Leiten Sie aus der Stellung des Elementes Natrium im Periodensystem der Elemente zwei Eigenschaften ab. 6

1.3 Eine Vielzahl von Stoffen enthält Elemente der I. oder VII. Hauptgruppe des Periodensystems.

– Wählen Sie aus den folgenden Beispielen die Stoffe aus, welche Elemente der VII. Hauptgruppe enthalten und notieren Sie diese.

Chlorwasserstoff, Bariumchlorid, Natriumsulfat, Brom, Cäsium, Kaliumiodid, Rubidium

– Notieren Sie die Formel und die Art der chemischen Bindung für einen der Stoffe.
– Erläutern Sie die Art dieser chemischen Bindung. 6

1.4 Wasserstoff und Wasser haben große wirtschaftliche Bedeutung.

– Begründen Sie diese Aussage für einen der Stoffe anhand eines Beispiels.
– Stellen Sie in einer Tabelle drei Eigenschaften von Wasserstoff und Wasser gegenüber. 6

25

Lösungen

1.1 *Es ist davon auszugehen, dass das Demonstrationsexperiment in folgender Weise vorgeführt wurde: In einem Gefäß befindet sich farblose Kochsalzlösung. Mit einer Pipette wird Silbernitratlösung zugetropft.*

– *Beachten Sie, dass Sie zunächst die Beobachtung notieren sollen.*

Beobachtung: Sobald die Tropfen der Silbernitratlösung mit der Kochsalzlösung in Kontakt kommen, bilden sich trübe weiße Flocken, die langsam nach unten sinken.

– Mit diesem Experiment wurde das Chlorid-Ion Cl^- nachgewiesen.

– $Ag^+ + Cl^- \longrightarrow AgCl$

– Bei einer chemischen Reaktion entsteht ein neuer Stoff mit neuen Eigenschaften. In diesem Beispiel bildet sich aus zwei farblosen Lösungen ein schwer löslicher Stoff, der als Niederschlag sichtbar ist.

– Weitere Merkmale einer chemischen Reaktion sind die Umwandlung von Energie und die Teilchenveränderung.

alternativ:
Änderung der chemischen Bindung

1.2 – *Übernehmen Sie die Tabelle und ergänzen Sie ausgehen von den Vorgaben die fehlenden Angaben.*

Name des Teilchens	**chemisches Zeichen des Teilchens**	**Anzahl der Protonen**	**Anzahl der Elektronen**	**Anzahl der Außenelektronen**	**Anzahl der besetzten Elektronenschalen**
Natrium-Ion	Na^+	11	10	8	2
Chloratom	Cl	17	17	7	3

– *Beachten Sie, dass Sie für das Element Natrium Eigenschaften aus der Stellung im Periodensystem der Elemente ableiten müssen.*

Das Element Natrium ist im Periodensystem der Elemente links in der ersten Hauptgruppe eingeordnet. An dieser Stelle findet man die Metalle. Somit wird Natrium den elektrischen Strom gut leiten und metallisch glänzen.

alternativ:
Da das Element Natrium in die erste Hauptgruppe eingeordnet ist, besitzt das Natriumatom nur ein Außenelektron. Deshalb wird Natrium sehr reaktionsfreudig sein.

oder: Da das Element Natrium in die erste Hauptgruppe eingeordnet ist, besitzt das Natriumatom nur ein Außenelektron und bildet deshalb ein einfach positiv geladenes Ion.

1.3 – Elemente der VII. Hauptgruppe sind in folgenden Stoffen enthalten:
Chlorwasserstoff, Bariumchlorid, Brom, Kaliumiodid

– *Wählen Sie Ihren Kenntnissen entsprechend ein Beispiel aus.*

Chlorwasserstoff HCl
Im Chlorwasserstoffmolekül liegt Atombindung vor.

alternativ:
Bariumchlorid $BaCl_2$
Im Bariumchlorid tritt Ionenbindung auf.

oder: **Brom** Br_2
Im Brommolekül liegt Atombindung vor.

oder: **Kaliumiodid** KI
Im Kaliumiodid tritt Ionenbindung auf.

– *Beachten Sie den Operator „Erläutern". Nur für das gewählte Beispiel müssen Sie die Lösung formulieren.*

Die **Atombindung** beruht auf der Ausbildung gemeinsamer Elektronenpaare zwischen den Atomen. Ein Außenelektron des Chloratoms und das Außenelektron des Wasserstoffatoms bilden ein Elektronenpaar.

alternativ:
Die **Ionenbindung** beruht auf der Anziehung zwischen elektrisch positiv und elektrisch negativ geladenen Ionen. Das Barium-Ion ist elektrisch zweifach positiv geladen, das Chlorid-Ion elektrisch einfach negativ. Diese Ionen ziehen sich elektrostatisch an.

oder: Die **Atombindung** beruht auf der Ausbildung gemeinsamer Elektronenpaare zwischen den Atomen. Ein Außenelektron eines Bromatoms bildet mit einem Außenelektron eines anderen Bromatoms ein gemeinsames Elektronenpaar.

oder: Die **Ionenbindung** beruht auf der Anziehung zwischen elektrisch positiv und elektrisch negativ geladenen Ionen. Das Kalium-Ion ist elektrisch einfach positiv geladen, das Iodid-Ion elektrisch einfach negativ. Diese Ionen ziehen sich elektrostatisch an.

1.4 – *Bei diesem Aufgabenteil gibt es viele mögliche Lösungen, z. B.:*

Wasserstoff ist Ausgangsstoff für die Synthese von Ammoniak, aus dem Düngemittel und Sprengstoffe hergestellt werden.

alternativ, z. B.:
Wasserstoff gewinnt zunehmende Bedeutung zum Antrieb von Fahrzeugen, damit fossile Energieträger ersetzt werden können.

oder: Wasser wird bei technischen Prozessen als Kühlmittel eingesetzt, damit technologische Parameter eingehalten werden.

oder: Das Wasser in Flüssen, Kanälen und Meeren hat eine große wirtschaftliche Bedeutung für die Schifffahrt. So können große Mengen an Gütern umweltfreundlich transportiert werden.

– *Beachten Sie, dass eine Tabelle gefordert ist.*

Stoff	**Wasserstoff**	**Wasser**
Aggregatzustand bei 25 °C	gasförmig	flüssig
Farbe	farblos	farblos
Brennbarkeit	brennbar	nicht brennbar

alternativ, z. B.:

Stoff	**Wasserstoff**	**Wasser**
Geruch	geruchlos	geruchlos
Siedetemperatur	–252,5 °C	100 °C
Dichte	$0{,}089\ g \cdot l^{-1}$	$0{,}997\ g \cdot cm^{-3}$

BE

2.1 Stoffe können eingeteilt werden.

Im Chemieunterricht sollen folgende Begriffe in ein Schema eingetragen werden: Reinstoffe, Lösung, Eisen, chemische Verbindung, Stahl, Stoffe

- Ordnen Sie in Ihrer Arbeit die oben stehenden Begriffe den Buchstaben a) bis f) zu.

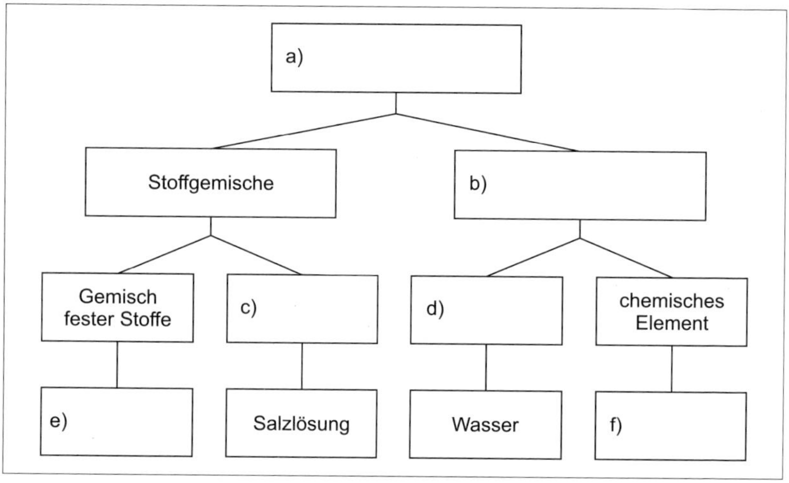

- Begründen Sie, weshalb die Salzlösung ein Stoffgemisch ist.
- Notieren Sie zwei weitere Beispiele für Gemische ausschließlich fester Stoffe. 6

2.2 Experiment: Trennen von Stoffgemischen

Bei der täglichen Reinigung eines Pferdestalls müssen unter anderem Sägespäne, Sand und Salzrückstände voneinander getrennt werden.

- Geben Sie an, welche Trennverfahren nachfolgend dargestellt sind.

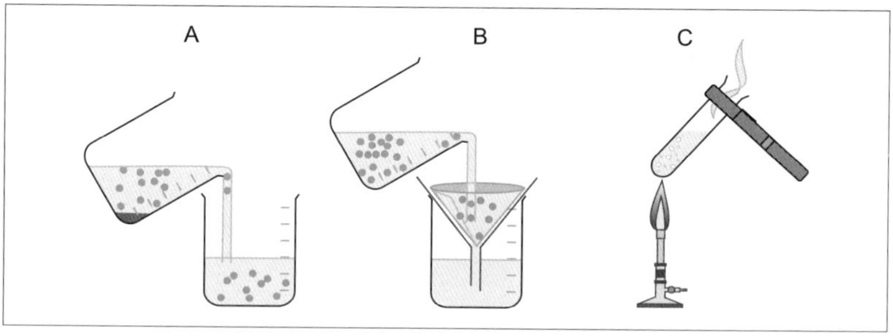

Geben Sie zu dem bereitgestellten Stoffgemisch Wasser und trennen Sie es entsprechend den Abbildungen, so dass Salz, Sand und Sägespäne einzeln vorliegen.

- Führen Sie die Experimente durch.
- Notieren Sie Ihre Beobachtungen.
- Beurteilen Sie das Ergebnis Ihrer Stofftrennung hinsichtlich der Aufgabenstellung.
- Geben Sie die genutzte Eigenschaft an, um ein Stoffgemisch nach Verfahren (C) zu trennen. 10

2.3 Meerwasser ist ein Stoffgemisch, aus dem festes Natriumchlorid gewonnen werden kann.

- Entwickeln Sie die Reaktionsgleichung für die Bildung von Natriumchlorid aus den Elementen.
- Notieren Sie sechs Angaben zu Eigenschaften und Verwendungsmöglichkeiten für Natriumchlorid. 5

2.4 Im Labor kann aus Natriumchlorid durch Reaktion mit konzentrierter Schwefelsäure Chlorwasserstoff hergestellt werden. Dabei entsteht das Salz Natriumsulfat.

$$2\,NaCl + H_2SO_4 \longrightarrow 2\,HCl + Na_2SO_4$$

- Berechnen Sie die Masse an Natriumsulfat, die beim Einsatz von 300 g Natriumchlorid entsteht. 4

25

Lösungen

2.1 – *Sie müssen das Schema nicht übernehmen. Ordnen Sie die Begriffe den Buchstaben zu.*

a) Stoffe
b) Reinstoffe
c) Lösung
d) chemische Verbindung
e) Stahl
f) Eisen

– Salzwasser ist ein Stoffgemisch, weil es aus mehreren Reinstoffen besteht und die charakteristischen Eigenschaften der einzelnen Komponenten erhalten bleiben. Handelt es sich z. B. um Kochsalzlösung bleibt der Salzgeschmack des Kochsalzes erhalten und die Lösung ist klar wie Wasser.

– Zimtzucker, Trockenmörtel

alternativ, z. B.:
Messing, Bronze, Granit, Müll

2.2 – Folgende Trennverfahren sind dargestellt:
A: Dekantieren
B: Filtrieren
C: Eindampfen

– *Führen Sie die Experimente dem Arbeitsauftrag entsprechend durch. Beachten Sie den Arbeitsschutz.*
Es ist anzunehmen, dass Ihnen ein Gemisch aus Sand, Sägespänen und Salz bereitgestellt wird und nicht das umfassendere Gemisch aus einem Pferdestall. Je nach Qualität des Sandes können leichte Einfärbungen auftreten.

– **Beobachtungen:**
Bei der **Zugabe von Wasser** setzt sich unten der Sand als Schlamm ab. Die Sägespäne schwimmen zum großen Teil an der Oberfläche oder schweben in der Flüssigkeit. Diese Flüssigkeit ist fast klar.

Beim **Dekantieren** – **Experiment A** – fließt die Flüssigkeit zunächst mit den meisten Sägespänen in das zweite Becherglas ab. Im ersten Becherglas bleiben nasser Sand und einige Sägespäne zurück. Am Ende des Abgießens fließen auch einige Sandteilchen mit ab.

Beim **Filtrieren** – **Experiment B** – setzen sich die Sägespäne und die wenigen Sandteilchen als Filterrückstand im Filtrierpapier ab. Das Filtrat ist eine klare, farblose Flüssigkeit.

Beim **Eindampfen** des Filtrats – **Experiment C** – verdampft das Wasser und im Reagenzglas bleibt das Salz in Form von weißen Körnchen zurück.

– **Beurteilung des Ergebnisses:**
Das **Dekantieren** ist im Ergebnis ungenau: Der Sand ist noch nass, einige Sandkörner fließen mit ab. Vollgesogene Sägespäne sinken auf den Boden des ersten Becherglases.

Beim **Filtrieren** ist der Erfolg besser: Sägespäne sammeln sich als Filterrückstand. Auch einige Sandkörner sind mit dabei. Das Filtrat ist klar.

Das **Eindampfen** führt zur vollständigen Trennung von Wasser und Salz.

- Das Eindampfen geschieht aufgrund der unterschiedlichen Siedetemperaturen der gemischten Stoffe.

2.3 – $2\,Na + Cl_2 \longrightarrow 2\,NaCl$

- *Die geforderten 6 Angaben können Sie beliebig aus den Eigenschaften und den Verwendungsmöglichkeiten zusammenstellen. Beispiele:*

Eigenschaften: fest; weiß; kristallin; leicht in Wasser löslich; der Feststoff leitet den elektrischen Strom nicht; die Lösung leitet den elektrischen Strom; hohe Schmelztemperatur (801 °C); Dichte $2{,}2\ g \cdot cm^{-3}$

Verwendung: Würzmittel; Konservierungsstoff; physiologische Kochsalzlösung; Herstellung von Chlor und Natrium sowie Ausgangsstoff für weitere chemische Synthesen

2.4 – *Im Text ist die Masse von Natriumchlorid gegeben. Die Reaktionsgleichung enthält die Stoffmengen von Natriumsulfat und Natriumchlorid. Im Tafelwerk findet man die molaren Massen von Natriumsulfat und Natriumchlorid.*

Berechnung:

Reaktionsgleichung: $2\,NaCl + H_2SO_4 \longrightarrow 2\,HCl + Na_2SO_4$

Gesucht: m_1 (Natriumsulfat)

Gegeben: m_2 (Natriumchlorid) $= 300\ g$

$n_1 = 1\ mol \qquad M_1 = 142{,}0\ g \cdot mol^{-1}$

$n_2 = 2\ mol \qquad M_2 = 58{,}5\ g \cdot mol^{-1}$

Lösung: $$\frac{m_1}{m_2} = \frac{n_1 \cdot M_1}{n_2 \cdot M_2}$$

$$\frac{m_1}{300\ g} = \frac{1\ mol \cdot 142{,}0\ g \cdot mol^{-1}}{2\ mol \cdot 58{,}5\ g \cdot mol^{-1}}$$

$$m_1 = 364{,}1\ g$$

Antwortsatz: Beim Einsatz von 300 g Natriumchlorid entstehen 364,1 g Natriumsulfat.

Alternativer Rechenweg:

1. Textanalyse:	*300 g*		*m*
	$2\,NaCl + H_2SO_4$	$\longrightarrow$	$2\,HCl + Na_2SO_4$
2. Stoffmenge:	*2 mol*		*1 mol*
3. molare Masse:	$58{,}5\ g \cdot mol^{-1}$		$142{,}0\ g \cdot mol^{-1}$
4. Masse:	*117,0 g*		*142,0 g*

5. Verhältnisgleichung: $$\frac{300\ g}{117{,}0\ g} = \frac{m}{142{,}0\ g}$$

6. Lösung und Ergebnis: $m = 364{,}1\ g$

7. Antwortsatz: Beim Einsatz von 300 g Natriumchlorid entstehen 364,1 g Natriumsulfat.

BE

3.1 Experiment: Nachweis von Glucose und Stärke

Folgende Lebensmittel sind leicht verdaulich und wären für einen Marathonläufer eine ideale Mahlzeit: Äpfel mit Nüssen und Haferflocken oder Vollkornbrot mit Honig und Bananenscheiben.

- Übernehmen Sie die folgende Tabelle in Ihre Arbeit und ergänzen Sie die Angaben zum jeweiligen Nachweis.
  Legen Sie dem Lehrer die ausgefüllte Tabelle vor.

Kohlenhydrat	**Nachweismittel**	**zu erwartende Beobachtung**	**Durchführung**
Glucose			Versetzen Sie das Lebensmittel mit 1 ml Wasser und fügen Sie 5 Tropfen des Nachweismittels zu. Erhitzen Sie das Gemisch vorsichtig.
Stärke			Geben Sie 3 Tropfen des Nachweismittels zum Lebensmittel.

Überprüfen Sie, ob in dem bereitgestellten Lebensmittel Glucose und Stärke enthalten sind.

- Führen Sie die Experimente durch.
- Notieren Sie Ihre Beobachtungen.
- Formulieren Sie eine Aussage hinsichtlich der Aufgabenstellung. 8

3.2 Ein Marathonläufer verbraucht während des Rennens so viel Energie, wie in 500 g Kohlenhydraten enthalten ist. Diese Energie entsteht während der biologischen Oxidation in den Mitochondrien. Dabei läuft folgende Reaktion ab:

$$C_6H_{12}O_6 + 6\,O_2 \longrightarrow 6\,CO_2 + 6\,H_2O$$

- Berechnen Sie die Masse an Wasser, die bei der Oxidation von 500 g Glucose entsteht.
- Begründen Sie anhand der Reaktionsgleichung, warum es sich um eine Oxidation handelt.
- Notieren Sie für Glucose sechs Angaben zu Bau, Eigenschaften und Verwendungsmöglichkeiten. 9

3.3 Fette und Eiweiße sind ebenfalls wichtige Stoffe für die menschliche Ernährung.

- Notieren Sie die Grundbausteine der Fette und Eiweiße.
- Geben Sie je zwei Beispiele für Lebensmittel an, die einen hohen Anteil an
  a) Fett
  b) Eiweiß besitzen.
- Notieren Sie die zu erwartende Auswirkung, wenn Ethanol auf Eiweiß gegeben wird.
- Positionieren Sie sich zum übermäßigen Genuss von Trinkalkohol. 8

25

Lösungen

3.1 – *Für den Nachweis der Glucose wird Ihnen das Nachweismittel in anwendungsbereiter Mischung zur Verfügung gestellt.*

Kohlenhydrat	**Nachweismittel**	**zu erwartende Beobachtung**	**Durchführung**
Glucose	Fehlingsche Lösung	Beim Erhitzen bildet sich ein ziegelroter Niederschlag.	Versetzen Sie das Lebensmittel mit 1 ml Wasser und fügen Sie 5 Tropfen des Nachweismittels zu. Erhitzen Sie das Gemisch vorsichtig.
Stärke	Iod-Kaliumiodid-Lösung (Lugolsche Lösung)	Blaufärbung	Geben Sie 3 Tropfen des Nachweismittels zum Lebensmittel.

alternativ:

Kohlenhydrat	**Nachweismittel**	**zu erwartende Beobachtung**	**Durchführung**
Glucose	ammoniakalische Silbernitratlösung	Beim Erhitzen bildet sich ein Silberspiegel.	Versetzen Sie das Lebensmittel mit 1 ml Wasser und fügen Sie 5 Tropfen des Nachweismittels zu. Erhitzen Sie das Gemisch vorsichtig.

– *Führen Sie die Experimente den Angaben in der Tabelle entsprechend durch. Beachten Sie den Arbeitsschutz.*

– **Beobachtungen:**

Da Ihnen entsprechend der Aufgabenstellung ein Lebensmittel bereitgestellt wird, sind die Beobachtungsergebnisse vom konkreten Anteil der darin enthaltenen Nährstoffe abhängig.

Beispiel Äpfel:
Beim Erhitzen von Apfelstückchen mit Fehlingscher Lösung ergibt sich ein ziegelroter Niederschlag.
Tropft man Iod-Kaliumiodid-Lösung auf das Fruchtfleisch eines Apfels, verfärbt sich die entsprechende Stelle dunkelblau.

Beispiel Nüsse:
Beim Erhitzen von Nussstückchen mit Fehlingscher Lösung verfärbt sich das Nachweismittel nicht.
Tropft man Iod-Kaliumiodid-Lösung auf die Nussstückchen, verfärbt sich die entsprechende Stelle dunkelblau.

Beispiel Haferflocken:
Beim Erhitzen von Haferflocken mit Fehlingscher Lösung verfärbt sich das Nachweismittel nicht.
Tropft man Iod-Kaliumiodid-Lösung auf die Haferflocken, verfärbt sich die entsprechende Stelle dunkelblau.

Beispiel Vollkornbrot:
Beim Erhitzen von Vollkornbrot mit Fehlingscher Lösung ergibt sich ein ziegelroter Niederschlag.
Tropft man Iod-Kaliumiodid-Lösung auf Vollkornbrot, verfärbt sich die entsprechende Stelle dunkelblau.

Beispiel Honig:
Beim Erhitzen von Honig mit Fehlingscher Lösung ergibt sich ein ziegelroter Niederschlag.
Tropft man Iod-Kaliumiodid-Lösung auf Honig, verfärbt sich die entsprechende Stelle nicht.

Beispiel Bananenscheiben:
Beim Erhitzen von Bananenstückchen mit Fehlingscher Lösung ergibt sich ein ziegelroter Niederschlag.
Tropft man Iod-Kaliumiodid-Lösung auf eine Bananenscheibe, verfärbt sich die entsprechende Stelle dunkelblau.

– *Formulieren Sie auf der Grundlage Ihrer Beobachtungen eine Aussage hinsichtlich der Aufgabenstellung.*

Im Apfel konnten Glucose und Stärke nachgewiesen werden.

alternativ, z. B.:
In Nüssen konnte Glucose nicht nachgewiesen werden, jedoch aber Stärke.

oder: In Haferflocken konnte Glucose nicht nachgewiesen werden, jedoch aber Stärke.

oder: Im Vollkornbrot konnten Glucose und Stärke nachgewiesen werden.

oder: Im Honig konnte Glucose nachgewiesen werden, Stärke aber nicht.

oder: In den Bananenscheiben konnten Glucose und Stärke nachgewiesen werden.

3.2 – *Im Text ist die Masse von Glucose gegeben. Die Reaktionsgleichung enthält die Stoffmengen von Glucose und Wasser. Im Tafelwerk findet man die molaren Massen von Glucose und Wasser.*

Berechnung:
Reaktionsgleichung: $C_6H_{12}O_6 + 6\,O_2 \longrightarrow 6\,CO_2 + 6\,H_2O$

Gesucht: m_1 (Wasser)

Gegeben: m_2 (Glucose) = 500 g

$n_1 = 6$ mol $\quad M_1 = 18\ \text{g} \cdot \text{mol}^{-1}$

$n_2 = 1$ mol $\quad M_2 = 180\ \text{g} \cdot \text{mol}^{-1}$

Lösung: $\frac{m_1}{m_2} = \frac{n_1 \cdot M_1}{n_2 \cdot M_2}$

$$\frac{m_1}{500\ \text{g}} = \frac{6\ \text{mol} \cdot 18\ \text{g} \cdot \text{mol}^{-1}}{1\ \text{mol} \cdot 180\ \text{g} \cdot \text{mol}^{-1}}$$

$$m_1 = 300\ \text{g}$$

Antwortsatz: Bei der biologischen Oxidation von 500 g Glucose entstehen 300 g Wasser.

Alternativer Rechenweg:

1. Textanalyse:	*500 g*	*m*
	$C_6H_{12}O_6 + 6\,O_2 \longrightarrow 6\,CO_2 + 6\,H_2O$	
2. Stoffmenge:	*1 mol*	*6 mol*
3. molare Masse:	$180\ g \cdot mol^{-1}$	$18\ g \cdot mol^{-1}$
4. Masse:	*180 g*	*108 g*

5. Verhältnisgleichung: $\frac{500\ g}{180\ g} = \frac{m}{108\ g}$

6. Lösung und Ergebnis: $m = 300\ g$

7. Antwortsatz: Bei der biologischen Oxidation von 500 g Glucose entstehen 300 g Wasser.

– *Beachten Sie den Operator „Begründen".*

Bei einer Oxidation reagiert ein Stoff mit Sauerstoff. Bei der biologischen Oxidation reagiert Glucose mit Sauerstoff zu den Reaktionsprodukten Kohlenstoffdioxid und Wasser.

– *Die geforderten 6 Angaben können Sie beliebig aus Bau, Eigenschaften und Verwendungsmöglichkeiten zusammenstellen. Beispiele:*

Bau: Glucose ist aus den Elementen Kohlenstoff, Wasserstoff und Sauerstoff aufgebaut. Die Moleküle können Ringform oder Kettenform aufweisen.

Eigenschaften: weiß; kristallin; gut in Wasser löslich; süßer Geschmack; geringe Schmelztemperatur (146 °C); ab 200 °C zersetzlich

Verwendung: wichtiger Energielieferant in den Körperzellen; Süßstoff; Ausgangstoff der alkoholischen Gärung

3.3 – Grundbausteine der **Fette** sind Glycerol und Fettsäuren. Grundbausteine der **Eiweiße** sind Aminosäuren.

– a) Einen hohen Fettgehalt haben Sonnenblumenöl und Speck.
b) Einen hohen Anteil an Eiweiß besitzen Eigelb und Hülsenfrüchte.

alternativ, z. B.:
a) Olivenöl, Kokosfett, Salami, viele Käsesorten, frittierte Pommes
b) mageres Fleisch, Milch, Quark, Käse

– Wenn Ethanol auf Eiweiß gegeben wird, gerinnt das Eiweiß, es wird denaturiert.

– *Beachten Sie den Operator „Positionieren", der mit der Äußerung einer persönlichen Meinung oder Einstellung verbunden ist.*

Durch Trinkalkohol werden Körperzellen, insbesondere Nervenzellen, abgetötet. Deshalb führt die übermäßige Zufuhr von Ethanol zu bleibenden körperlichen Schäden. Ich habe bisher nur selten alkoholische Getränke konsumiert und so soll es auch bleiben.

BE

4.1 In jedem Smartphone sind verschiedene Materialien verbaut.

Material	**Anteil in Prozent (gerundet)**
Aluminium	4
Cobalt	3
Eisen	3
Glas und Keramik	15
Gold, Silber	< 1
Kunststoffe	42
Kupfer	15
Lithium	3
Nickel	1
Silizium	11
Zinn	2

– Stellen Sie die fünf Hauptbestandteile in einem Säulendiagramm dar.

– Geben Sie die Metalle aus dem Säulendiagramm an.

– Erstellen Sie zu einem der Metalle einen Steckbrief mit sechs Eigenschaften und zwei Verwendungsmöglichkeiten.

– Begründen Sie die Notwendigkeit, Smartphones zu recyceln. 10

4.2 Experiment: Reaktion von Metallen mit verdünnter Salzsäure

Prüfen Sie das Reaktionsverhalten von Magnesium und Zink gegenüber verdünnter Salzsäure.

– Geben Sie in je ein Gefäß
  a) eine Spatelspitze Magnesium
  b) eine Spatelspitze Zink
  und versetzen Sie beide Stoffproben mit je 2 ml verdünnter Salzsäure.

– Notieren Sie Ihre Beobachtungen.

– Werten Sie Ihre Beobachtungen aus.

– Ordnen Sie die geprüften Metalle den edlen oder unedlen Metallen zu.

– Entwickeln Sie die Reaktionsgleichung für die chemische Reaktion von Magnesium mit Salzsäure. 8

4.3 Im Akku eines Smartphones ist neben Lithium auch Cobalt verbaut.

$$3\,Co_3O_4 + 8\,Al \longrightarrow 4\,Al_2O_3 + 9\,Co$$

– Berechnen Sie die Masse an Aluminium, die zur Herstellung von 40 g Cobalt eingesetzt werden muss.

– Ordnen Sie diese chemische Reaktion einer Reaktionsart zu.

– Begründen Sie Ihre Zuordnung. 7

25

Lösungen

4.1 – *Beachten Sie, dass ein Säulendiagramm gefordert ist und Sie nur die 5 Hauptbestandteile berücksichtigen müssen.*

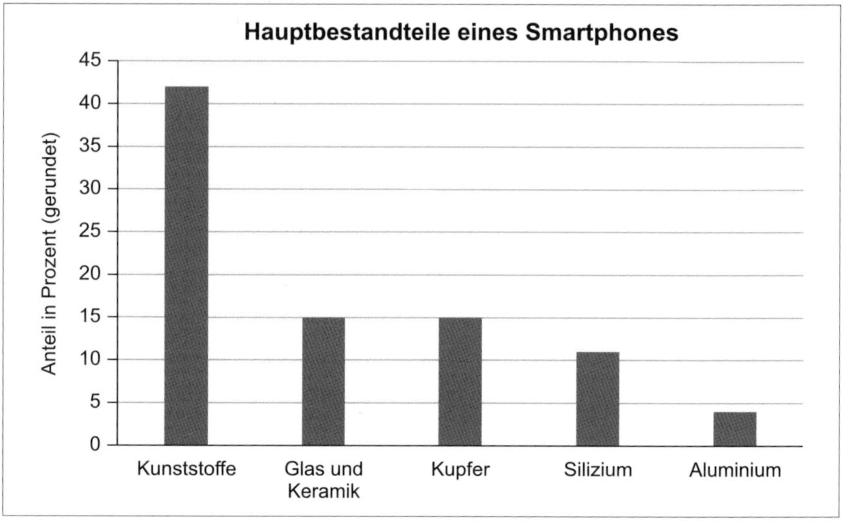

– Im Säulendiagramm sind die Metalle Kupfer und Aluminium mit angegeben.

– *Gestalten Sie den Steckbrief in geeigneter Form und beachten Sie die jeweilige Anzahl der Angaben.*

Steckbrief Metall Kupfer

Eigenschaften: fest, rötliche Farbe, guter elektrischer Leiter, guter Wärmeleiter, hohe Schmelztemperatur (1 083 °C), Dichte 8,96 g · cm^{-3}

Verwendung: elektrische Kabel, Heizungsrohre

alternativ:

Steckbrief Aluminium

Eigenschaften
- fest
- geringe Dichte
- leicht biegbar
- Schmelztemperatur 660 °C
- silberweiß

Verwendung
- Bleche im Fahrzeugbau
- Verpackungsfolie

– Beim Recyceln von Smartphones können Materialien wiedergewonnen werden, insbesondere Metalle. Dadurch werden Rohstoffe und Energie eingespart. Achtlos in den Restmüll oder anderswo weggeworfene Smartphones belasten die Umwelt.

4.2 – *Führen Sie das Experiment entsprechend der Arbeitsanweisung durch. Beachten Sie den Arbeitsschutz.*

– **Beobachtungen:**
a) Das Gemisch schäumt kräftig auf und das Gefäß erwärmt sich. Nach kurzer Zeit ist die Stoffprobe Magnesium zersetzt.
b) Es bilden sich einzelne Gasbläschen.

– **Auswertung:** Bei beiden Teilexperimenten findet eine chemische Reaktion statt. Als ein Reaktionsprodukt entsteht ein Gas. Die Reaktion mit Magnesium verläuft deutlich heftiger als mit Zink.

– Beide Metalle gehören zu den unedlen Metallen.

– $Mg + 2\,HCl \longrightarrow MgCl_2 + H_2$

4.3 – *Im Text ist die Masse von Cobalt gegeben. Die Reaktionsgleichung enthält die Stoffmengen von Cobalt und Aluminium. Im Tafelwerk findet man die molaren Massen von Cobalt und Aluminium.*
Wenn in Ihrem Tafelwerk die molare Masse von Cobalt nicht mit aufgeführt ist, wird Ihnen diese Angabe von der Fachlehrkraft mitgeteilt.

Berechnung:

Reaktionsgleichung: $3\,Co_3O_4 + 8\,Al \longrightarrow 4\,Al_2O_3 + 9\,Co$

Gesucht: m_1 (Aluminium)

Gegeben: m_2 (Cobalt) = 40 g

$n_1 = 8$ mol $\quad M_1 = 27\ g \cdot mol^{-1}$

$n_2 = 9$ mol $\quad M_2 = 59\ g \cdot mol^{-1}$

Lösung: $\frac{m_1}{m_2} = \frac{n_1 \cdot M_1}{n_2 \cdot M_2}$

$$\frac{m_1}{40\ g} = \frac{8\ mol \cdot 27\ g \cdot mol^{-1}}{9\ mol \cdot 59\ g \cdot mol^{-1}}$$

$m_1 = 16{,}3\ g$

Antwortsatz: Um 40 g Cobalt herzustellen, müssen 16,3 g Aluminium eingesetzt werden.

Alternativer Rechenweg:

1. Textanalyse:	*m*	*40 g*
	$3\,Co_3O_4 + 8\,Al \longrightarrow$	$4\,Al_2O_3 + 9\,Co$
2. Stoffmenge:	*8 mol*	*9 mol*
3. molare Masse:	*27 g · mol⁻¹*	*59 g · mol⁻¹*
4. Masse:	*216 g*	*531 g*

5. Verhältnisgleichung: $\frac{m}{216\ g} = \frac{40\ g}{531\ g}$

6. Lösung und Ergebnis: $m = 16{,}3\ g$

7. Antwortsatz: Um 40 g Cobalt herzustellen, müssen 16,3 g Aluminium eingesetzt werden.

- Diese chemische Reaktion ist eine Redoxreaktion.
- Bei einer Redoxreaktion laufen Oxidation und Reduktion gleichzeitig ab. Im vorliegenden Beispiel nimmt Aluminium den Sauerstoff auf, wird also oxidiert. Das Cobaltoxid gibt den Sauerstoff ab und wird somit reduziert. Cobaltoxid ist das Oxidationsmittel und Aluminium das Reduktionsmittel.

Realschulabschluss 2023
Chemie (Sachsen)

Um Ihnen die Prüfung 2023 schnellstmöglich zur Verfügung stellen zu können, bringen wir sie in digitaler Form heraus.

Sobald die Original-Prüfungsaufgaben 2023 freigegeben sind, können sie als PDF auf der Plattform **MyStark** heruntergeladen werden (Zugangscode siehe Umschlaginnenseite).

Aktuelle Prüfung

www.stark-verlag.de/mystark